Ti-6Al-4V钛合金细晶马氏体及微纳孪晶的性能与变形行为

孙 皓 著

中国矿业大学出版社
· 徐州 ·

内容提要

本书采用一种新颖的形变结合热处理工艺，将 Ti-6Al-4V 钛合金的微观组织制备为β晶粒约 25 μm 的马氏体组织。通过力学性能测试发现，该组织相比应用最为广泛的等轴组织，拉伸强度、塑性和冲击韧性具有显著的优势。利用详细的微观组织表征、分析以及第一性原理，结合现有理论，揭示了该组织具有较高的强度、塑性和冲击韧性。

本书适合金属材料等相关专业本科生、研究生使用，也可供企事业单位研究人员及技术人员参考。

图书在版编目(CIP)数据

Ti-6Al-4V 钛合金细晶马氏体及微纳孪晶的性能与变形行为 / 孙皓著. — 徐州 ：中国矿业大学出版社，2025. 3. — ISBN 978 - 7 - 5646 - 6724 - 5

Ⅰ. TG146.23

中国国家版本馆 CIP 数据核字第 2025T73M67 号

书　　名　Ti-6Al-4V 钛合金细晶马氏体及微纳孪晶的性能与变形行为
著　　者　孙　皓
责任编辑　耿东锋
出版发行　中国矿业大学出版社有限责任公司
（江苏省徐州市解放南路　邮编 221008）
营销热线　(0516)83885370　83884103
出版服务　(0516)83995789　83884920
网　　址　http://www.cumtp.com　**E-mail**:cumtpvip@cumtp.com
印　　刷　江苏淮阴新华印务有限公司
开　　本　787 mm×1092 mm　1/16　**印张** 8　**字数** 205 千字
版次印次　2025 年 3 月第 1 版　2025 年 3 月第 1 次印刷
定　　价　36.00 元

前　言

航空航天工业的迅猛发展对飞行器关键零部件的制造标准与技术提出了极高要求。钛合金作为制造这类零部件的关键材料，其服役性能是日益严苛的飞行器制造标准的核心要点。在诸多类型的钛合金里，Ti-6Al-4V钛合金的应用最为广泛，且成为制造飞机发动机叶片与压气机盘等航空航天关键构件的重要材料。对Ti-6Al-4V钛合金微观组织的调控是实现其力学性能优化的重要途径之一。

β晶粒以及β晶粒内部片层组织的尺寸对Ti-6Al-4V钛合金的强塑性有着决定性影响。金属材料里的片层形态组织因具有较大的长宽比，且单位面积内界面密度较大，在裂纹扩展过程中穿过的片层数量较多，因此其具有较高的韧性。倘若对片层组织进行细化，单位面积内界面的密度会增加，裂纹扩展时将穿过更多界面，那么从理论上来说就能够提升材料的韧性。当片层细化时，依据霍尔-佩奇关系，材料的强度也有希望进一步提高。因为片层较细，在塑性变形时，片层之间发生晶体转动等协调塑性变形的概率较大，有可能保持优良的塑性。此外，微纳尺度孪晶结构对钛合金的性能提升有一定帮助。因此，在Ti-6Al-4V钛合金中制备出细β晶粒，包括内部的细片层结构和微纳尺度孪晶结构，能够充分发挥微观组织的优势并改善材料的强韧性，拓展应用领域，这对于实际工程应用有着重大意义。

当下国内外针对Ti-6Al-4V钛合金β晶粒、片层结构的细化、制备微纳尺度孪晶结构，以及这些精细结构对强韧化影响方面的研究较少。本研究的主要目的是以Ti-6Al-4V钛合金作为试验材料，以钛合金形变相关理论为基础，设计合理的工艺，将Ti-6Al-4V钛合金处理成细晶马氏体以及微纳孪晶组织，在此基础上研究这些精细结构对Ti-6Al-4V钛合金的强度、塑性以及韧性的贡献，并揭示强韧化原理。

由于时间仓促及水平所限，书中不足之处在所难免，恳请读者批评指正。

著　者

2024年10月

目　录

第1章 绪 论

1.1 问题的提出

航空航天产业快速发展对飞行器重要零部件制造的品质和技术创新提出了更高要求。钛合金，特别是 Ti-6Al-4V 双相钛合金，已成为航空航天领域关键材料，如成为飞机发动机叶片和压气机盘的主流材料[1-2]。金属的力学特性与其微观结构密切相关。因此，通过控制 Ti-6Al-4V 钛合金的微观结构，有望提升 Ti-6Al-4V 钛合金的力学性能，进而扩大 Ti-6Al-4V 钛合金在航空航天等领域的应用。

片层结构材料展现出优异的抗裂纹扩展能力，因此材料的韧性较强。钛合金中常见的片层结构主要有两种：片层魏氏组织和片层马氏体组织。前者由三部分构成：原 β 晶粒、晶粒内部的丛束以及丛束内的片层；而后者则包含两部分：原 β 晶粒和晶粒内部的片层。多层次结构的尺寸大小对材料的塑性形变能力有着至关重要的作用[3]。研究表明，通过 3D 打印制造技术，可以细化 Ti-6Al-4V 钛合金中马氏体组织的原 β 晶粒，从而获得优异的强塑性匹配关系[4]。此外，采用相同方法制备的细片层马氏体组织也表现出良好的强韧性匹配关系[5]。这些研究结果表明，片层马氏体组织的原 β 晶粒尺寸以及晶粒内部片层尺寸对合金的强韧性具有显著影响。基于这些发现，笔者提出一个设想：如果能够同时细化 Ti-6Al-4V 钛合金中马氏体组织的原 β 晶粒和片层，将增加单位面积内片层界面的密度。在裂纹扩展过程中，裂纹需要穿过更多界面，从而有望提高材料的韧性。此外，根据霍尔-佩奇关系，片层的细化还有望提升材料的强度[6]。细小的片层结构在塑性变形过程中更容易发生晶体转动等协调变形行为，有助于保持优异的塑性。因此，在 Ti-6Al-4V 钛合金中构建细 β 晶粒和内部片层结构，有望充分发挥片层组织的优势，改善材料的强韧性，拓展其应用领域，对实际工程应用具有重要价值。

另外，据相关报道，Ti-6Al-4V 钛合金在服役过程中，失效往往源于材料表面[7-8]，表明材料表面是相对薄弱的位置，这与材料表面的特殊位置有关。因此，在材料的表面采用特定的工艺方法，改变材料表面的微观组织，即通过表面改性的方式，有针对性地在微观结构中引入特殊的精细结构，有望提高材料表面硬度，达到提升服役性能的目的。有研究表明，在金属材料的表面中引入微纳尺度孪晶可以显著提升金属材料的硬度[9]。但微纳尺度孪晶难以引入 Ti-6Al-4V 钛合金，因为 Ti-6Al-4V 钛合金为高层错能材料。因此，基于钛合金变形理论有针对性地使用先进工艺，在 Ti-6Al-4V 钛合金表面引入微纳尺度孪晶有望提升材料的硬度等性能，并有望将此工艺推广至其他种类的钛合金中，进而提升表面硬度。这对扩大钛合金的应用具有非常重要的意义。

基于以上问题，笔者欲使用相关的试验设备，并采用相关的工艺方法，结合现有理论，在

Ti-6Al-4V 钛合金中创新性地引入细晶马氏体组织，另外在 Ti-6Al-4V 钛合金表面引入微纳尺度孪晶。在此基础上研究其力学性能以及变形行为，这对完善钛合金的强韧化理论，同时对扩大其应用领域具有很重要的意义。

1.2 文献综述及国内外研究进展

1.2.1 力学性能及微观组织调控研究进展

Ti-6Al-4V 钛合金中的 β 相区原子扩散速度较快，其最终形成的片层马氏体及 β 晶粒通常较为粗大，尤其是原 β 晶粒，尺寸可达到几百微米甚至几毫米[10-12]。

目前，关于 Ti-6Al-4V 钛合金片层马氏体 β 晶粒尺寸调控的文献较为稀少，主要集中在增材制造技术上。例如，选区激光熔覆工艺生成的钛呈现出单相 α′马氏体结构[5]，其片层非常细小，使得材料具备优越的强度与塑性匹配，屈服强度可高达 1 150 MPa，并且延伸率保持在 15%左右。其高塑性的原因在于材料微观结构为纯单相 α′，同质相界面的应变兼容性良好，同时在变形过程中位错的运动形成了位错胞和缠结，从而提升了塑性变形能力。然而，采用其他工艺获得的马氏体组织中含有少量残余 β 相，尽管屈服强度依然达到 1 150 MPa，但延伸率仅为 6%。这表明残余 β 相对塑性的影响是显著不利的。此外，有文献报道[4]，采用选区激光熔覆，在激光熔覆的层间通过旋转 67°角的方法得到增材制造的 TC4 合金，获得了极佳的强度与塑性匹配关系，在无后续热处理的条件下，该合金强度可达 1 274 MPa，同时延伸率可以达到 10%。这一优异的强度与塑性匹配关系的形成也源于新颖的工艺设计，可得到理想的微观结构，该结构与传统增材制造后产生的柱状晶形态马氏体组织不同，其 β 晶粒呈等轴形态，平均尺寸约为 45 μm。另外，Zhang 等[13]通过造成大塑性变形与后续退火的方法，将 Ti-10Mo-8V-1Fe-3.5Al 合金的 β 晶粒尺寸调控至 0.63～36.2 μm，其中 0.63 μm 的合金在强度和塑性方面明显优于 36.2 μm 的合金。

从当前 Ti-6Al-4V 钛合金马氏体组织的 β 晶粒及片层调控的研究现状来看，相关领域尤其是在增材制造技术中的研究仍然较为缺乏，缺少对 Ti-6Al-4V 钛合金块体样品的 β 晶粒及片层细化的研究。

1.2.2 变形行为研究进展

金属塑性变形源于其内部晶体缺陷，即位错的移动。当大量位错沿特定晶向和晶面（即滑移系）运动时，金属表面会呈现出平行线，称为滑移线。此外，位错滑移还会导致位错胞、位错缠结和剪切带等微观结构的形成[6]。Ti-6Al-4V 钛合金的 α 相中，位错滑移主要发生在柱面$\{10\bar{1}0\}\langle 11\bar{2}0\rangle$、基面$\{0002\}\langle 11\bar{2}0\rangle$和锥面$\{10\bar{1}1\}\langle 11\bar{2}0\rangle$[2]。由于晶面和晶向的等效性，这三类滑移系共计 12 种，其中独立的滑移系有 8 个。考虑锥面$\{10\bar{1}1\}\langle 11\bar{2}0\rangle$滑移的效果可由柱面和基面滑移组合而成，独立滑移系数量减少至 4 个。根据 Mises 准则（米泽斯屈服准则），多晶金属发生均匀塑性变形至少需要 5 个独立滑移系。因此，必须激活非基面滑移才能满足条件。c 型位错沿$\langle 0001\rangle$方向和 c＋a 型位错沿$\langle 11\bar{2}\bar{3}\rangle$方向的滑移均属于非基面滑移，能够协调多晶体的塑性变形。尤其在某些应力状态下，当晶粒取向不利于柱面和基面滑移时，c＋a 型位错滑移就显得尤为重要了。例如，当外加应力平行于晶

体 c 轴时，位错无法沿 $\langle a\rangle$ 和 $\langle c\rangle$ 方向滑移，此时必须依靠 c＋a 型位错滑移来协调变形。存在两种潜在的锥面滑移系：$\{10\bar{1}1\}$ 和 $\{11\bar{2}2\}$。根据施密特定律，$\{11\bar{2}2\}$ 滑移系与外力夹角更接近 45°，因此更容易启动。目前，关于位错滑移机制在双相钛合金不同微观组织和变形条件下的研究已有很多报道，涵盖了室温拉伸[14-15]、高应变速率激光冲击[16-17]、超声表面滚压[18]、喷丸[19-22]等方面。作为双相钛合金最主要的塑性变形行为，位错滑移一直是该领域研究的热点。

形变孪晶作为 α 相的一种重要形变结果，在材料塑性变形中发挥着至关重要的作用。通常情况下，当位错滑移受阻时，形变孪晶就会形成。例如，在低温变形或晶体 c 轴承受不利于基面滑移的应力时，孪晶可以协调塑性变形，从而提高金属材料的塑性[23-24]。与体心立方和面心立方结构金属不同，密排六方结构的 α 相具有多种孪晶类型[25-31]。如 $\{10\bar{1}2\}$ $(85°/\langle 11\bar{2}0\rangle)$、$\{11\bar{2}1\}$ $(35°/\langle 10\bar{1}0\rangle)$、$\{10\bar{1}1\}$ $(60°/\langle 11\bar{2}0\rangle)$、$\{11\bar{2}2\}$ $(64°/\langle 10\bar{1}0\rangle)$、$\{11\bar{2}4\}$ $(77°/\langle 10\bar{1}0\rangle)$ 等。其中，$\{10\bar{1}2\}$ $(85°/\langle 11\bar{2}0\rangle)$ 孪晶最为常见，因为它所需的孪生剪切较小。钛及其合金发生孪生变形后，孪晶相对于基体的晶体取向会发生改变，从而激活基体中原本难以滑移的位错。此外，孪晶通常形成于界面位错塞积处，可以释放应力集中，避免材料过早形成微孔。孪晶的形成相当于引入了类似于大角度晶界的孪晶界，可以细化微观组织，起到细晶强化作用。形变孪晶也是钛合金最常见的变形行为之一，目前国内外对形变孪晶形成的影响因素，包括层错能[32-33]、晶粒大小[26]、晶体取向[28]、温度[24,34-35]、应变速率[36-38]及合金成分[39-40]等做了大量研究，对形变孪晶对材料力学性能的影响也做了许多研究，并阐明了相应的微观机制。

近些年，研究人员发现了一种新的变形行为，即变形诱导 α 相向面心立方结构相转变。这种变形行为不仅存在于密排六方结构的纯钛[41-53]、锆[54]、铪[55-56]、钴[57-58]等金属中，还存在于钛合金[59-66]和锆合金[67-68]中。对于纯金属钛、锆、铪、钴而言，变形诱导相变的过程相对简单，低应变速率拉伸、冷轧、平面应变压缩等变形方式均可实现。然而，对于应用广泛的 Ti-6Al-4V 钛合金，则需要通过薄片高压扭转[12]、金属表层高能喷丸[65]、金属表层超声滚压[62]等大塑性变形方式才能实现，难度较大。钛合金在发生相变时，其晶体结构会从密排六方转变为面心立方，这一转变过程伴随着明显的体积变化和原子错配。例如，Ti-5％Al 合金冷轧后，会形成两种类型的面心立方结构相[64]。B 类相转变会导致晶体沿 c 轴方向膨胀，膨胀率分别为 5％（$\langle 0001\rangle$ 方向）和 1.3％（$\langle 10\bar{1}0\rangle$ 方向）。而 P 类相转变则相反，会导致晶体沿 c 轴方向收缩 8.7％（$\langle 0001\rangle$ 方向），并在 $\langle 10\bar{1}0\rangle$ 方向膨胀 17.2％。B 类相转变的母相与新相之间的取向关系为 $\{0001\}$ HCP∥$\{111\}$ FCC，$\langle 11\bar{2}0\rangle$ HCP∥$\langle 110\rangle$ FCC，即母相的基面（basal plane）$\{0001\}$ 面平行于新相的 $\{111\}$ 面，所以该类相转变被称为 B 类转变。对于 P 类相转变，母相与新相之间的取向关系为 $\{10\bar{1}0\}$ HCP∥$\{110\}$ FCC，$\langle 0001\rangle$ HCP∥$\langle 001\rangle$ FCC，即母相的柱面（prismatic plane）$\{10\bar{1}0\}$ 面平行于新相的 $\{110\}$ 面，所以该类相转变被称为 P 类转变。

面心立方结构相的形成对钛合金的力学性能具有显著影响。面心立方结构由于具有更多的滑移系，在外加载荷作用下更容易启动多系滑移，从而提高材料的塑性。当面心立方结构相细化到纳米尺度时，其纳米晶界会通过释放晶界不全位错形成形变 $\{111\}$ 孪晶，从而进一步提高塑性。此外，纳米尺度的面心立方结构孪晶界和相界面可以阻碍位错滑移，从而提高合金的强度。研究表明，通过高压扭转[12]、热处理[63]、超声滚压[62]等方法可以在钛合金中形成面心立方结构相，并显著提高其强度和塑性。例如，经过热轧处理的近β钛合金 Ti-5Al-5Mo-5V-1Cr-1Fe，其强度提高了 400 MPa，塑性提高了 6.5%[59]。近些年来，钛合金中变形诱导的面心立方结构相变现象引发了研究热潮。现有研究主要集中在相变机制和力学性能影响方面，但对相变动力学及面心立方结构相具体作用机制的探讨较为缺乏。

除位错滑移、形变孪晶、应变诱导密排六方相向面心立方相转变之外，Ti-6Al-4V 钛合金还存在另外的变形行为，即亚晶粒或纳米晶粒之间转动。大塑性变形能够诱导粗晶钛合金发生纳米化转变。以 Ti-6Al-4V 钛合金为例，其初始微观结构呈现双态、片层魏氏体或马氏体组织。经过高能表面喷丸[20]、超声表面滚压[18]、高压扭转[12]等大塑性变形处理后，钛合金的块体或表层会形成纳米晶粒，其微观组织演变机制复杂多样。Liu 等[21]对双态组织的 Ti-6Al-4V 钛合金进行高能表面喷丸处理，发现从表层到芯部形成了梯度结构。表层承受最大应变，组织细化最显著，形成纳米晶。纳米晶的形成过程包含一系列连续变化：首先，α 相中启动多系滑移，产生位错缠结，部分晶粒内部出现$\{10\bar{1}2\}$孪晶；随着变形加剧，位错运动形成位错带，位错带、位错缠结和孪晶共同作用将 α 相分割成拉长状的超细晶；随后，短轴方向再次形成上述缺陷特征，将拉长的 α 超细晶进一步分割成近似等轴的晶粒；由于等轴晶粒尺寸小，$\{10\bar{1}2\}$孪晶形成倾向降低，最终在高应变速率和大应变下发生亚晶旋转，形成晶体取向随机的纳米晶粒。在纳米晶形成过程中，α 相和 β 相之间存在协调塑性变形行为。α 相和 β 相由于在形态和尺寸上的差异，两相之间的协调变形行为也随之变化[19]。靠近未变形基体的区域，α 相晶粒的直径远大于 β 相的，塑性变形主要由 α 相承担，α 相内部位错增殖；在次表层，α 相与 β 相的尺寸差异减小，α 相内大量位错增殖促使较硬的 β 相发生位错运动和增殖；在表层，α 相和 β 相尺寸接近，两相中处于有利取向的一相首先发生塑性变形，并促进另一相位错增殖，最终促进两相等轴超细晶粒的晶体转动和纳米晶粒细化。

1.2.3 微纳孪晶研究进展

纳米孪晶材料指材料的微观结构是由许多纳米尺度厚度的孪晶片层构成的材料，约束纳米厚度孪晶的晶粒尺度一般在几百纳米至几微米范围内。21 世纪初期，中国科学院金属研究所团队成功在纯铜中制备出高密度纳米孪晶结构，其拉伸强度高达 1 GPa，是普通粗晶纯铜的 10 倍，塑性也与普通粗晶纯铜相当[69]。纳米孪晶纯铜优异的力学性能源于晶粒内部高密度的共格孪晶界：一方面，共格孪晶界与普通大角度晶界类似，可以有效阻碍位错的运动；另一方面，位错可与共格孪晶界相互作用，共格孪晶界可有效包容位错，在孪晶界发生位错分解反应[70]。这两方面共同作用导致纳米孪晶纯铜具有极高的强度与塑性匹配关系。随后国内外研究人员采用形变[71-72]、电沉积[73]、磁控溅射[74]等手段在 Ni、不锈钢、铜合金等金属材料中引入高密度纳米孪晶，力学性能测试结果表明，这些金属均具有优异的强塑性能，进一步对其变形行为的研究表明，共格纳米孪晶界具有与纳米孪晶纯铜共格孪晶界相似的作用。

上述成功制备的纳米孪晶金属材料均为面心立方结构，且层错能较低。面心立方金属铜及不锈钢的层错能在 7～40 mJ/m^2 范围内[75]，属于低层错能金属材料，而钛属于高层错能金属材料，层错能高达 287 mJ/m^2[76]。层错能属于金属的本身属性，其值的大小决定了形成孪晶的难易程度，层错能越高的金属形成孪晶的难度越大。虽然具有密排六方结构的钛在塑性变形过程中滑移受阻可通过孪生协调塑性变形，但当晶粒尺寸减小时，塑性变形过程主要以位错滑移及晶粒间协调变形为主，导致孪生变形受限，形成形变孪晶困难。所以钛及其合金中形成纳米孪晶是很困难的。

众多文献报道金属材料形成形变孪晶的条件受到晶体取向[28]、晶粒大小[26]、变形温度[24]及应变速率[16]的影响。晶体取向与外力方向共同作用决定形成孪晶的施密特因子值，一般情况施密特因子大的晶体取向有利于形成孪晶结构；密排六方结构金属中，孪晶能否产生与晶粒的大小息息相关。霍尔-佩奇关系表明，当晶粒直径较大时，位错的滑移距离越远，位错滑移至晶界时的塞积就越严重，由位错在晶界塞积导致的应力集中就越严重，从而越容易形成孪晶。当晶粒直径较小时，单位体积内总晶界的密度就比较大，从而容易激活其他形式的塑性变形，如晶界滑移和非基面滑移，通过这样的方式释放了晶界处的应力集中[77]；温度同样会影响金属材料的塑性变形模式(形变孪晶和位错)。金属材料随温度的降低形变机制逐渐由位错滑移机制转化为孪生机制为主，Choi 等[24]及 Huang 等[35]研究表明，低温相比于室温变形更容易形成形变孪晶；此外，当材料的应变速率非常快时，材料的位错滑移和晶界滑移很难迅速启动，造成晶界的应力集中，从而增大了孪晶激发的倾向[16]。

所以基于以上在金属材料中形成孪晶的条件，国内外学者在其他结构金属材料中引入纳米孪晶结构，例如 Sun 等[27]及 Wang 等[78]采用高应变速率变形的手段分别在纯钛及 Ti-6Al-4V 钛合金中制备得到纳米孪晶结构，Wang 等[78]通过纳米压痕表征后表明，这种少量的纳米孪晶结构起到强化表层的作用，同时保持很高的模量。此外，也有的研究人员利用相变方式在 Ti-6Al-2Zr-1Mo-1V 钛合金[79]及较低层错能锆合金[80]中制备纳米孪晶以提高综合力学性能及表层硬度。

梯度结构是一种成分、组织或相(或组元)逐渐向另一成分、组织或相过渡的结构。这种结构能使材料中不同成分、组织或相之间相互协调，使材料的整体性能得到极大优化和提升，为实现材料强韧性的完美匹配提供了一个重要方向[81]。

目前，可以采用机械变形法在金属材料中形成梯度结构。通过对金属材料表面施加塑性变形，表面产生的塑性变形最大，至芯部塑性变形逐渐减小。由塑性变形引起的位错、孪晶、晶界等缺陷的运动也呈现减少的趋势，最终从表面至芯部形成具有晶粒尺寸梯度的结构[82-84]。

采用表面机械研磨技术(SMGT)可以在纯铜棒材中制备梯度结构，从表面至芯部的梯度层深度可以达到数十微米，表层的晶粒直径为十几纳米，由表层至芯部晶粒直径逐渐增大，晶粒直径最终增大到几十微米[82]。该结构具有非常优异的拉伸力学性能，梯度结构可将铜的屈服强度从 63 MPa 提高到 129 MPa，同时塑性基本保持不变。研究表明，梯度结构能保持如此优异的塑性的原因是，晶界在纳米尺度范围内时，在机械驱动下，纳米晶界具有迁移和晶粒长大的行为，进而吸收了材料的变形能，在拉伸应变较大时，能保证纳米晶不过早地形成裂纹。这种同时具有强塑性的梯度结构金属材料为发展高性能工程材料开辟了新的思路和方向。

无论是在金属材料中引入纳米孪晶结构还是梯度结构，均可大幅度提高合金的强度与塑性。因此在金属材料中同时引入两者兼具(梯度纳米孪晶)的结构，理论上可能获得比单一结构更加优异的力学性能。中国科学院金属研究所卢磊团队利用直流电解沉积技术，通过控制电解沉积工艺参数，制备了梯度纳米孪晶纯铜材料，该材料的铜晶粒直径以及孪晶层片厚度沿样品厚度方向梯度变化[85]。研究表明，当增加纯铜结构梯度时，纯铜的强度与加工硬化性能会协同提高，并且可以超过梯度微观结构中最强的部分。从多尺度结构梯度的角度设计的梯度纳米孪晶材料，提高了材料的拉伸强度，同时又不损失塑性，该结构为开发兼具高强度与塑性、韧性的金属材料提供了全新的思路。该成果在 2018 年 11 月发表在国际顶级期刊《科学》上。

在金属材料中设计梯度结构，利用这种梯度结构提高材料的综合力学性能的同时满足实际使用需要，已是当前国内外学者的研究目标。然而对于钛合金而言，近几年来国内外研究人员仅在钛及钛合金中引入少量纳米孪晶结构，这种少量的纳米孪晶结构也不具备结构梯度，所以这种少量晶体缺陷结构不能大幅度提高其力学性能。

高能表面改性是指采用高能束、高流束、高压力、超高频率冲击等方式作为能量源作用于材料表面，从而使材料达到表层改性目的的改性方式[86]。高压水射流喷丸是一种表面强化手段。强化的基本原理就是将高压水（高压水中可以包含弹丸等介质）高速喷射到金属材料表面，从而使金属材料表面产生塑性变形，改变金属材料表层的微观组织或者残余应力，最终实现提高金属材料表面性能[87]。超高频超声波滚压的基本原理，就是对金属材料表层进行频率高达每秒上万次、振幅高达 8～60 μm 的冲击，将冲击能量输入到表层中，以传递塑性变形能，部分以热的形式耗散的一种表面改性方法[88]。无论是高压水射流还是超声波滚压技术，在对金属材料进行表面改性过程中都会使表层产生高应变速率塑性变形，所以高压水射流及超声波滚压都属于高能表层改性技术。

以高能改性为手段对合金表层进行改性后，合金表层微观组织结构一般会发生很大的变化，比如可能出现晶粒细化、形成孪晶、位错缠结等现象。在此情形下，合金表层处于严重加工硬化状态，后续产生塑性变形困难。一般可使用退火方法消除表层形变组织加工硬化，其原理为退火过程中晶粒内部位错发生回复，随加热时间延长逐渐会发生再结晶的现象。形变孪晶在某种退火工艺下，由于晶界孪晶形核位置处于高应力集中状态，孪晶将逐渐合并到晶粒基体中，这种现象叫退孪晶。但通过控制合适的退火温度，可使晶粒内部高密度位错产生回复作用，而保留孪晶形态[89]。

采用高能改性的方法将微纳尺度孪晶引入 Ti-6Al-4V 钛合金，有望提升 Ti-6Al-4V 钛合金的表层性能，因此本研究具有重要的理论和实际意义。

1.3 研究内容与研究方法

1.3.1 研究内容

(1) 制备 FLM 与形成原理的研究

依据相关理论，确定工艺参数，制备 FLM（细晶马氏体）组织，并研究制备 FLM 过程中 FLM 的形成原理。

(2) FLM 的精细结构对强塑性影响的研究

通过表征 FLM 精细结构，结合钛合金相关理论，分析并揭示 FLM 的精细结构对强塑性影响。

(3) FLM 精细结构变形行为的研究

通过表征 FLM 在变形过程中精细结构的变化以及其间的相互作用，结合相关变形理论，揭示 FLM 精细结构变形行为。

(4) Ti-6Al-4V 钛合金中合金元素铝和钒对变形行为影响的研究

依据前述研究得到的 FLM 精细结构变形行为，用第一性原理方法，模拟铝和钒原子在钛基体中的变形过程，从更微观的视角揭示铝和钒对相转变行为的影响。

(5) 微纳尺度孪晶对合金性能影响的研究

依据相关理论，确定工艺参数，在 Ti-6Al-4V 钛合金的表层制备微纳尺度孪晶，再研究该孪晶结构对合金性能的影响。

1.3.2 研究方法

笔者依据现有钛合金变形与热处理方面的理论，合理设计试验，确定工艺参数，完成 Ti-6Al-4V 钛合金的 FLM 组织的制备，并揭示 FLM 组织的形成原理。结合强韧化以及变形方面的理论以及基于试验结果，借助相关先进的表征方法及第一性原理方法，研究 Ti-6Al-4V 钛合金的 FLM 组织的性能、变形行为及合金元素对变形行为的影响。依据钛合金表面改性领域相关理论，制备表层的微纳尺度孪晶，研究微纳尺度孪晶对性能的贡献以及机理。

第 2 章　细晶马氏体的制备工艺与试验方法

2.1　试验材料

在本试验中，所选择的材料为 Ti-6Al-4V 钛合金，具体化学组成为钛基体含有 6.0%的铝和 4.29%的钒(以质量百分比表示)。通过观察图 2-1 可以明显看到，材料的初始微观组织呈层状结构，其中 α 相晶界非常显著。此外，该材料的束区域还具有交替排列的 α 和 β 相层片状结构。

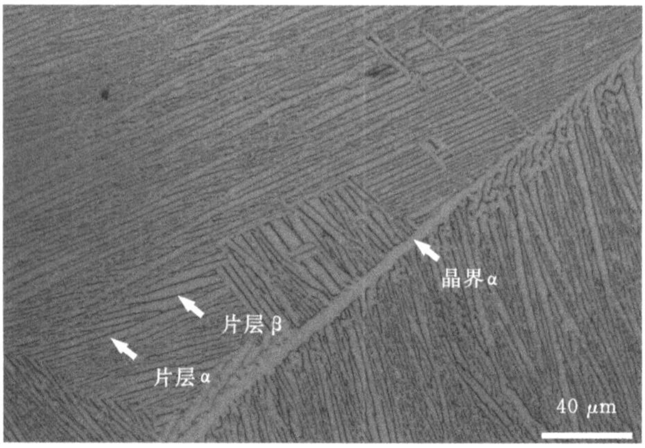

图 2-1　Ti-6Al-4V 钛合金的初始组织

2.2　试验方法

2.2.1　工艺设定

整个过程涉及三个阶段的热处理，如图 2-2 中所描述的流程。首先将原材料合金切成 10 mm 厚的板状，并在 1 100 ℃的温度下保持一段时间，然后进行水淬火，从而形成晶粒较粗大的层状马氏体结构。接着进入第二阶段。对上述结构的合金实施多次热轧，轧制机参数为：辊轮直径 350 mm，辊面宽 300 mm，最大轧制压力 2 000 kN。在轧制过程中选择的工艺参数包括轧制速度 50 r/min、轧制温度 750 ℃，每次轧制后重新加热保温 5 min，共达到 80%的变形量。轧制完成后采用空冷(AC)的方式实现板材的冷却。经过热轧步骤后，合金的微观结构会转变成为细小晶粒。最后一步将轧制好的板材切成拉力试样或冲击试样所要求的形状，随后使用 DIL 805 A/D 型相变仪快速升温至相变温度以上的一定高度并保持一段时间，后续以氦气作为介质实现高速度冷却，冷却速度可至 300 ℃/s。在快速升温和冷却的整个过程中，详细的工艺参数见表 2-1。

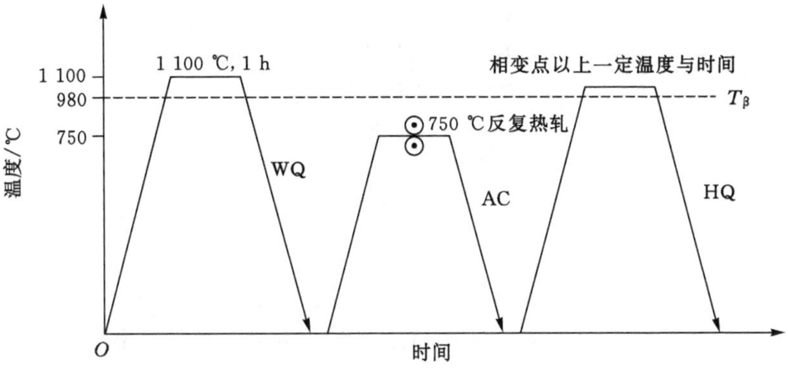

注：WQ 表示水冷却，AC 表示空气冷却，HQ 表示氦气冷却，T_β 表示相转变点温度。

图 2-2　热处理路径

表 2-1　试样的热处理工艺详细参数

试样	保持温度/℃	保持时间/s	速度/(℃/s)
1#	990	1	300
2#	990	7	300
3#	990	60	300
4#	1 050	1 800	300
5#	985	1	300
6#	990	1	100
7#	985	1	100
8#	985	2	100

2.2.2　室温拉伸

鉴于单一相变仪仅能在材料的局部区域进行热处理，考虑到这一点，板料被加工为非标准化的拉伸试验样件，尺寸如图 2-3 所示。采用的拉伸试验设备为 MTS 型力学性能试验机，试验时，将拉伸速率设为 0.5 mm/min，确保拉伸方向与板材的轧制方向一致。在实施拉伸试验前，应首先在试样表面喷涂一层均匀的白色漆，并在干燥后喷涂上均匀的黑色漆，以便在拉伸变形过程中用作应变标记。在拉伸过程中，借助数字图像相关(DIC)技术，可以精确测量变形，通过每秒钟拍摄 15 张图片的相机准确捕捉。试验结束后，所有采集的图像将被输入 Vic-3D 软件进行精确的应变分析。通过拉伸性能测试和 DIC 技术相结合，可以获取合金的强度和塑性等机械性能数据[90]。每种测试状态需进行两次相同的测试。

2.2.3　室温冲击

热轧板材的厚度相对较小，导致无法将其制作成标准的冲击试验样品。图 2-4 详细展

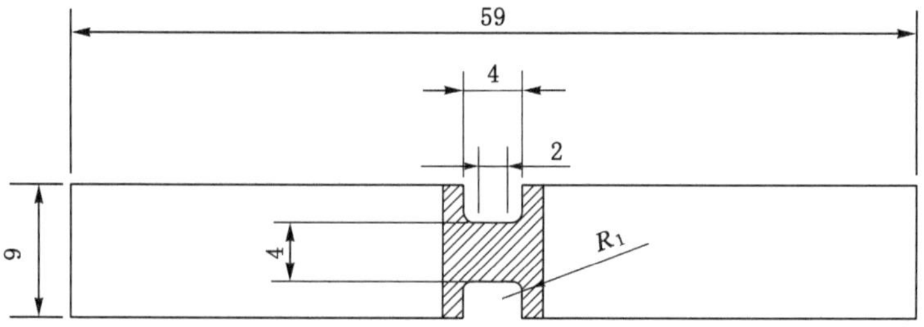

图 2-3　拉伸试样的详细尺寸

示了非标冲击试样的尺寸。考虑板材的超薄特性，使用大能量冲击试验机进行测试并不能精确地检测出材料的冲击韧性。为了保证测试结果的准确性，应选用型号为 XJUD-5.5 的悬臂梁冲击试验机来进行试验，该机型的最大冲击能量限制为 5.5 J。通过冲击试验，可以准确获取合金材料的冲击韧性。每种状态下需进行 3 次冲击测试以确认结果的一致性。

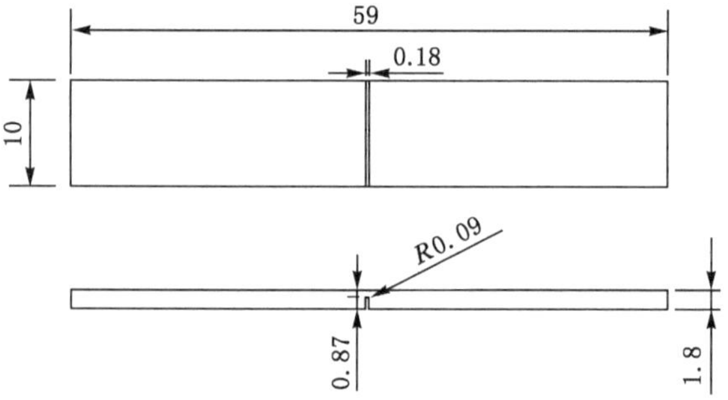

图 2-4　冲击试样的详细尺寸

2.2.4　原位拉伸

对合金的宏观变形及断裂过程进行研究，需在原位拉伸设备中进行观察。为此，合金试样需经历加工、打磨、抛光及腐蚀等步骤，以制造成适合进行原位拉伸的板状试样，其尺寸详见图 2-5。试验过程中，采用 Kammrath & Weiss 微拉力测试机进行拉伸测试，该设备可承受的最大载荷为 5 000 N。与此同时，使用 SUPRA 40 型场发射扫描电子显微镜(SEM)对合金在不同变形阶段的微观组织结构和特征进行观察。试验中，设置的拉伸速率为 0.1 μm/s。

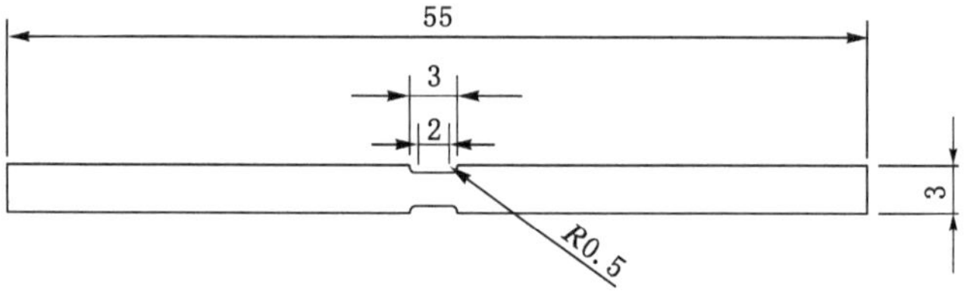

图 2-5　原位拉伸试样的详细尺寸

2.3 表征与分析

2.3.1 微观组织表征

对材料的微观结构分析是通过光学显微镜(OM)和场发射扫描电镜(Supra 40 型)来完成的。首先,这些样本按照标准程序进行制备,包括使用不同粒度的水磨砂纸进行研磨,直至达到 5 000# 的细度,然后使用纳米硅溶液进行抛光。接下来,使用化学腐蚀溶液($HF:HNO_3:H_2O=1:3:7$)进行表面处理,腐蚀时间为 1～3 s。对于需要进行电子背散射衍射(EBSD)分析的样本,在研磨后将其放入 VibroMet 2 型振动抛光机中,加入纳米硅溶液进行振动抛光,以减少表面应力,抛光时间设置为 12 h。在进行 EBSD 数据采集时,电压设置为 20 kV,工作距离控制在 13～15 mm 之间,采集步长与放大倍数相匹配,确保覆盖的总像素数超过 90 000。完成 EBSD 数据采集后,采用 HKL Channel 5 软件对所采集区域的晶体取向等数据进行精确分析。

2.3.2 精细结构表征

对于不同状态的样本,均需要剪切出一个固定厚度的薄片,并将其磨薄至接近 100 μm 的厚度。随后这些薄片会经过双喷射减薄处理,所用的试剂组合为 $HClO_4:CH_3(CH_2)_3OH:CH_3OH=1:7:12$,并在 −30 ℃的环境中进行操作。通过 FEI Tecnai G2 F20 型透射电子显微镜对材料的微观结构进行初步观察,而原子尺度更精细的结构细节则通过经球差校正的 Tican Cubed Themis G2 300 型透射电子显微镜鉴定。

2.3.3 物相表征

高温 X 射线衍射仪 X PertPowder 用于物相检测。此次试验中,选用 Cu-Kα 靶材进行辐射,对应的电压和电流分别设置为 4 kV 和 4 mA。整个扫描过程从 30°～90°,以 4°/min 的速度进行。检测结束后,利用 JADE 软件对物相数据进行了深入分析,并与系统的标准图谱进行匹配以标定物相。

2.3.4 织构表征

在与测试材料的横向方向垂直的平面内,使用 Bruker D8 Discover 型 X 射线衍射仪,通过针对材料的$(10\bar{1}0)$、(0001)、$(10\bar{1}1)$三种晶面进行 X 射线衍射测试,最终借助 TExEval 软件对织构进行解析,得到了宏观晶体的排列情况,并将结果呈现为极图或反极图。

第 3 章 FLM 的形成原理

3.1 引 言

研究 Ti-6Al-4V 钛合金的 FLM 结构对理解其强化机制和变形行为至关重要。为了制备这类微观结构，必须首先解决如何获得合适微观组织的问题。为了形成满足强度和韧性要求的 FLM，需要考虑初始组织状态、变形和热处理等多个因素。通过文献调研知，FLM 的形成条件相对严格。要实现 FLM 的引入，需要满足以下几个基本条件：首先，初始组织应该是细晶粒的，其中包含细小的 β 相，这些 β 相在高温下的成核源将影响 α 相的转变。其次，加热速率需要尽可能快，以防止在 β 相向 α 相转变过程中 β 相的快速生长。再次，应在单 β 相区尽可能缩短保温时间，以减缓 β 相的生长速率。最后，冷却速率应尽可能高，且应用能够充分穿透金属的淬火介质，以确保马氏体从高温 β 相的快速转变，并在 β 晶粒内形成更多的马氏体片层。

综上所述，本研究基于这些条件，设计了一个合理可行的制备方案。首先，在 Ti-6Al-4V 钛合金中通过多次热轧实现组织细化，并通过详细的表征分析揭示了组织细化的原理。然后，在此基础上，通过快速加热和冷却工艺制备 FLM，并阐明了 FLM 形成的原理，为 FLM 的制备提供了理论支撑。最后，对 FLM 进行细致的微观表征分析，为后续研究其强化机制和变形行为打下了坚实的基础。

3.2 初始微观组织的细化

3.2.1 思路

为了改善 Ti-6Al-4V 钛合金的初始粗片层魏氏结构，实现细晶化组织形成，采用形变结合退火处理工艺是必要的。其中，选择适当的微观结构和优化的形变热处理参数是核心要务。本研究通过广泛的文献研究，最终选定采用马氏体材料作为热变形处理的起始材料，这有助于实现微观结构的细化[91]。原因在于马氏体具有丰富的缺陷，像位错、孪晶和界面等，微观组织在热处理过程中可以通过再结晶和球化过程得到有效细化。

参照 Ti-6Al-4V 钛合金形变退火参数，经过深入分析，本研究认为 750 ℃是适宜的变形温度，且变形程度应达到 80%。在这种特定的条件下，合金的变形过程会产生细小的 β 相，这对形成细小的马氏体晶粒起到关键的制约作用。考虑后续的力学性能测试以及微观组织表征，本研究选取 10 mm 厚的板材为起始原材料，以确保材料的淬透性和后续研究的顺利进行。

3.2.2　微观组织的细化过程

为了验证热处理方案的有效性，探究微观结构细化的原理，本研究应用电子背散射衍射技术对预处理后的 Ti-6Al-4V 钛合金板材及其在热轧条件下的微观结构变化进行了详细的分析。在 EBSD 反极图分析中，将 RD（轧制方向）定义为水平方位，而垂直方向与 ND（法向）相对。在对应的极图中，水平方向对应于 RD，而垂直方向则对应于 TD（横向）。通过这种分析，旨在为 Ti-6Al-4V 钛合金板材的细化提供科学依据。

根据既定的方法，关键的步骤要确保材料在达到相变温度后还在高温下停留一段时间，接着实施快速冷却，以形成所需的预变形马氏体形态。为此，笔者设计了如下的预处理流程：首先，将材料加热至 1 100 ℃并在这一高温下保持 1 h；然后，实施水冷处理。图 3-1 展示了经过预处理的钛合金的显微结构。在图 3-1(a)中，通过 EBSD 反转极图（IPF）检测的结果可见马氏体层片的存在，这些层片表现出尺寸上的差异，平均层片厚度大约为 0.96 μm。马氏体层片还显出了多样的晶体学方向特性。而图 3-1(b)则展示了与图 3-1(a)中对应的{0001}晶面极图，可见六种不同的极点清晰地显现，且每个极点都能准确地对应于图 3-1(a)中相同颜色的马氏体层片的晶体方向。这种一致性明显表明了图 3-1(a)中颜色一致的马氏体层片共享相似的晶体取向，此发现与钛合金相变过程中晶体学变体选择的相关机制一致[10]。

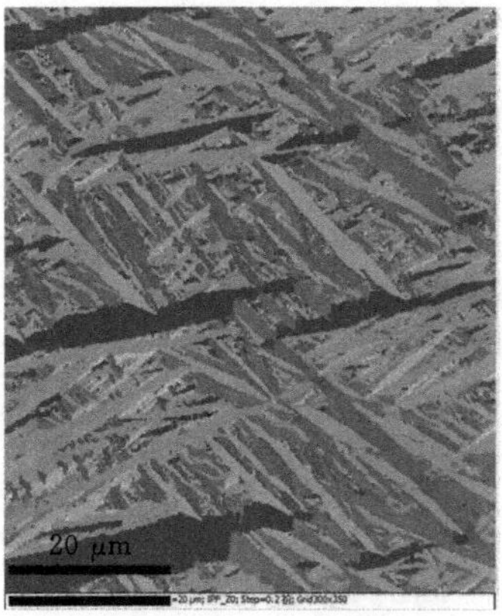

(a) EBSD 反极图

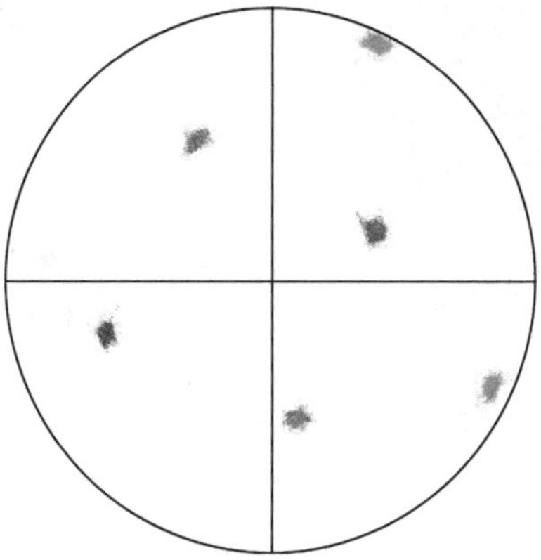

(b) {0001}晶面极图

图 3-1　预处理以后合金的微观组织

合金在经过 10％热轧处理后的微观组织如图 3-2 所示。在图 3-2(a)的 EBSD 反极图中可以观察到，形变热处理后 α 相的形态有明显差异，尤其是与淬火态相比，马氏体的层片状结构发生了重构，部分区域蜕变为近等轴状。图 3-2(b)清晰显示，在热轧初期，β 相主要沿着原马氏体的片层界面析出。进一步地，图 3-2(c)展示了 α 相{0001}极图，可看出与传统的马氏体结构相较，主要极点分布更为分散，并且在变形过程中，伴随着新极点的出现微观取向已发生改变。图 3-2(d)突出了在马氏体片层中的新蓝取向（表示马氏体片层中出现了新的晶体学取向，显示为蓝色）的分布与原马氏体片层存在显著取向差异。通过电子背散射衍射软件生成了相应的{10$\bar{1}$2}以及{11$\bar{2}$0}极图[图 3-2(e)和图 3-2(f)]，以进一步解析新形成的晶格取向。分析显示，新产生蓝色晶体取向大致与 ND 轴平行，且这些晶体明显偏离传统的六个极点。从$\{10\bar{1}2\}$极图中能见到两种晶体共用一个$<11\bar{2}0>$晶体轴以及一个$(10\bar{1}2)$晶面，说明蓝色取向部分和基体存在$\{10\bar{1}2\}<\bar{1}011>$孪晶关系$(85°<11\bar{2}0>)$[31]。这证实了热轧变形后合金中在原马氏体片层内存在形变孪晶。

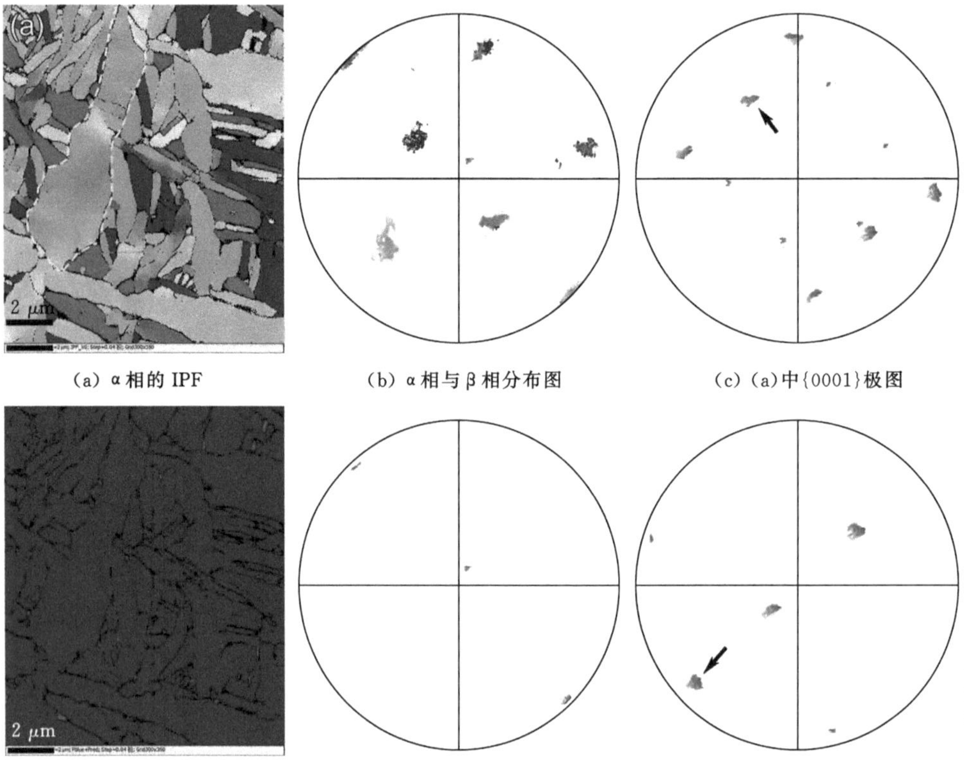

(a) α相的 IPF　　(b) α相与β相分布图　　(c) (a)中$\{0001\}$极图

(d) 片层位置的$\{0001\}$极图　　(e) (a)中线片层位置的$\{10\bar{1}2\}$极图　　(f) (a)中线片层位置的$\{11\bar{2}0\}$极图

图 3-2　材料变形 10%后形貌

合金材料在经过 30%的热轧形变后，得到了图 3-3 所示的微观结构。具体地，从图 3-3(a)中可见，EBSD 反极图显示 α 相马氏体条带发生了显著的形态转变，多数转变为椭球形，部分甚至呈现球形，更有少许条带发生了断裂。同时，在图 3-3(b)的相分布图中，相比于仅有 10%形变后的状况，β 相的增加量十分明显，这是由于热处理过程中过饱和马氏体分解形成的。进一步地，图 3-3(c)中的$\{0001\}$极图揭示了经过热处理之后，在微观结构内部生成了新的晶体排列方向，从而令之前的六个极点消失无踪。图 3-3(d)更为细致地展示了框架内的不同取向，在原先的马氏体条带所在的区域，现在展现出三个主要的晶体取向。其中，最主要的取向位于极图上方的左侧，并且紧邻着的两小晶粒的晶体学取向分别以紫色和绿色标出。这表明在热轧处理中，马氏体条带容易断裂，导致形成新的取向晶粒。

图 3-4 所示为经过热轧处理且变形达到 50%的合金组织形貌。首先，在 EBSD 分析中，该合金的反极图[图 3-4(a)]清晰地揭示出片状形态的粗大结构，这些结构在变形过程中逐步调整其排列方向，趋向于与轧制方向保持一致。接下来，图 3-4(b)所示的相分布图揭示了 β 相在原片状结构的边界上不断析出，并逐渐向球状形态发展。此外，图 3-4(c)中沿着指示箭头方向的累积取向角差分布图明显显示出，随着变形的发展，累积取向角差呈现增大趋势。反极图的观察结果进一步证实了这一趋势，马氏体片层晶体取向的变化，从绿色逐渐转

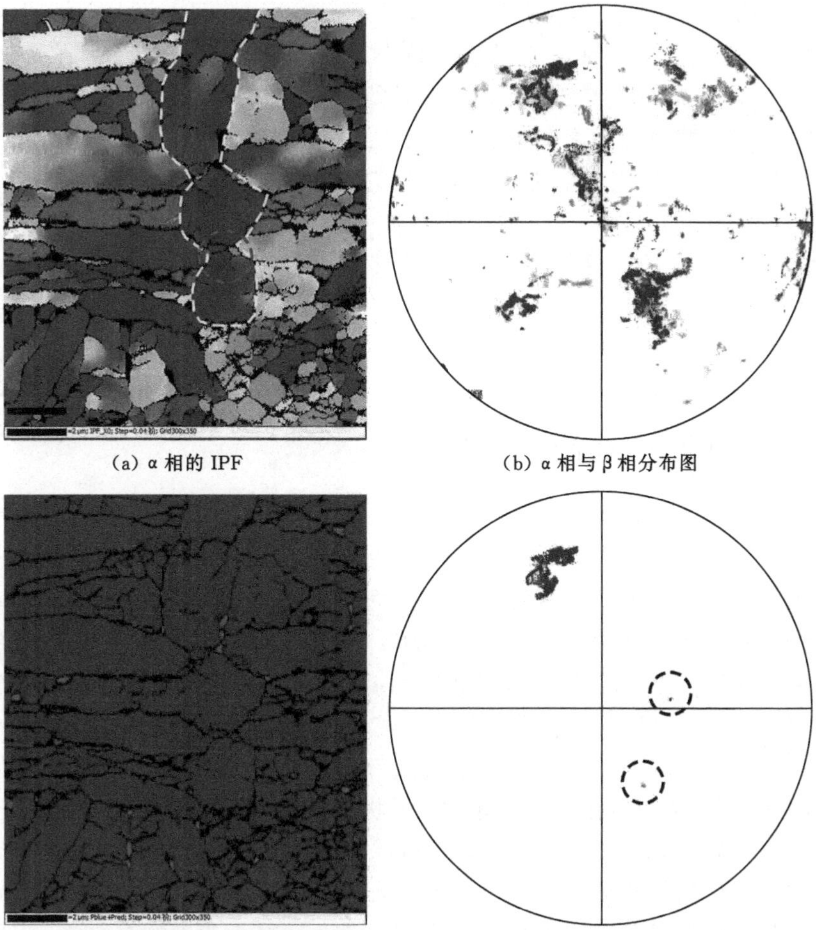

（a）α 相的 IPF　（b）α 相与 β 相分布图

（c）（a）中{0001}极图　（d）（a）中白色线位置的{0001}极图

图 3-3　材料变形 30%后形貌

变为蓝色。这种取向角差的累积增加，是由于位错运动引起的晶体旋转所致的[92]，从而导致小角度的取向差逐步发展成小角度晶界，随着晶体的进一步旋转，这些小角度晶界最终转变为大角度晶界，预示着在后续的变形过程中，合金的微观组织结构将经历进一步的转变。

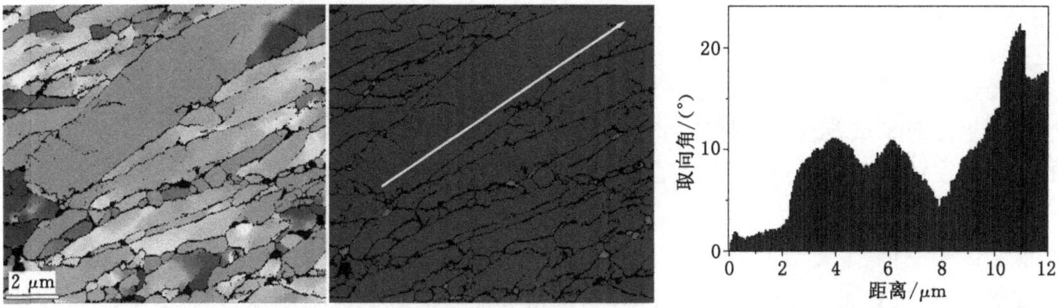

（a）α 相的 IPF　（b）α 相与 β 相分布图　（c）（b）中按照箭头所示方向单个片层内的累积取向取差

图 3-4　材料变形 50%后形貌

图 3-5 呈现的是热轧样品的 TEM(透射电镜)图像,显示了在经过 80%的变形之后的微观结构。观察结果揭示了其较高的位错密度,以及晶界的模糊性。由此可知,微观组织具备高度变形的 α 亚晶结构,并有部分 β 相尚未完全转变。变形后的组织呈现接近等轴状的 α 晶粒与 β 晶粒,其尺寸一般在数十至数百纳米之间。值得注意的是,在随后的快速加热处理过程中,这些细小的 β 晶粒至关重要,它们作为 α 相到 β 相的结构转变的核心,对 FLM 组织的构建有显著的推进作用。

图 3-5 材料变形 80%后 TEM 图像

3.2.3 轧制过程中组织细化的原理

在高温保温和淬火处理下,钛合金中形成了大量的线和平面缺陷,如位错和界面等[93],这些都是在高能状态下的结构体现。这些缺陷在应力和温度的共同影响下被活化,尤其在界面处会有明显的积聚。为了减小系统的能量,过饱和马氏体中的固溶元素铝和钒会发生重新分配,导致在界面处形成细小的 α 和 β 晶粒。因此,通过原子扩散,马氏体层状界面促使细小的 α 和 β 晶体析出。此外,热轧过程中温度较低,且原始的马氏体层结构较粗,这使得在热轧过程中形成孪晶所需的临界应力大为减少[26],从而使得{$10\bar{1}2$}类型的拉伸孪晶易于被激活。随着应变的增加,沿马氏体层析出的 β 相数量明显增多,原本垂直于轧制方向的马氏体层会发生破碎,进而转化为近似等轴的形状。同时,破裂的 α 相之间形成了新方向的小晶粒,这显示了马氏体层内部的非连续动态再结晶过程。这个过程与 Ti-6Al-4V 钛合金在热压缩变形过程中的粒状细化行为相一致[91]。原来与轧制方向角度不大的马氏体片层在轧制过程中逐渐变得平行于轧制方向,内部晶粒产生了较大角度的取向差,表明通过晶格旋转机制,这些马氏体层实现了粒度细化。因此,通过变形孪生、非连续动态再结晶和晶体旋转等,这些马氏体片层促进了材料组织结构的细化。

3.3 FLM 的调控

3.3.1 技术方案

经过复杂的形变和热处理过程的同步应用,实现了 Ti-6Al-4V 钛合金微观结构的细化,这一成果证明了试验设计既行得通又有效。下一步的目标是将细化的结构作为制备 FLM 的基础。在钛合金变形热处理的理论框架下,笔者研究了通过快速加热和冷却工艺制备 FLM 的方法。为了获得 FLM,需要精确控制原始 β 晶粒的尺寸,并在同一时间微调层片的厚度。试验中,笔者使用了 DIL 805 A/D 型相变仪,其能够在最大功率下以 300 ℃/s 的速度加热,并在短暂保持温度后进行冷却,以控制 β 晶粒的成长。在细致研读文献后,得知使用水冷法对金属进行冷却会引起金属表面自发形成一层稳定的蒸汽膜[94],这层膜对热量传递过程有显著的影响,主要表现在对金属冷却速率的调节作用。而使用氦气冷却技术可以有效突破热传导的限制,大幅增加金属的冷却速度[95]。DIL 805 A/D 型相变仪应用内置氦气冷却系统，有望显著提高从 β 相到 α′相转变时的形核效率。具体来说，这种方法能够促使在单位体积内生成更多 α′层片，它们将从特定晶面开始生长，进而显著细化马氏体层片。

3.3.2　FLM 的微观组织

采用急速加热与急速冷却的技术，制备出编号 $1^{\#}$ ～$4^{\#}$ 的试样。这些试样的微观结构通过图 3-6 和图 3-7 展示，其中图 3-6 是由光学显微镜拍摄的，而图 3-7 则是扫描电子显微镜拍摄的图像。从图像中可以观察到，样品的微观结构从轧制时的细化结构转变为马氏体片层形态。图 3-7 特别标注了 β 形态母体的晶粒尺寸。进一步观察图 3-6 和图 3-7 可发现，主要的差异在于 β 母体晶粒的大小。统计分析表明，这些 β 晶粒的尺寸分别为 25 μm、43 μm、131 μm 和 375 μm，如图 3-8 所示。

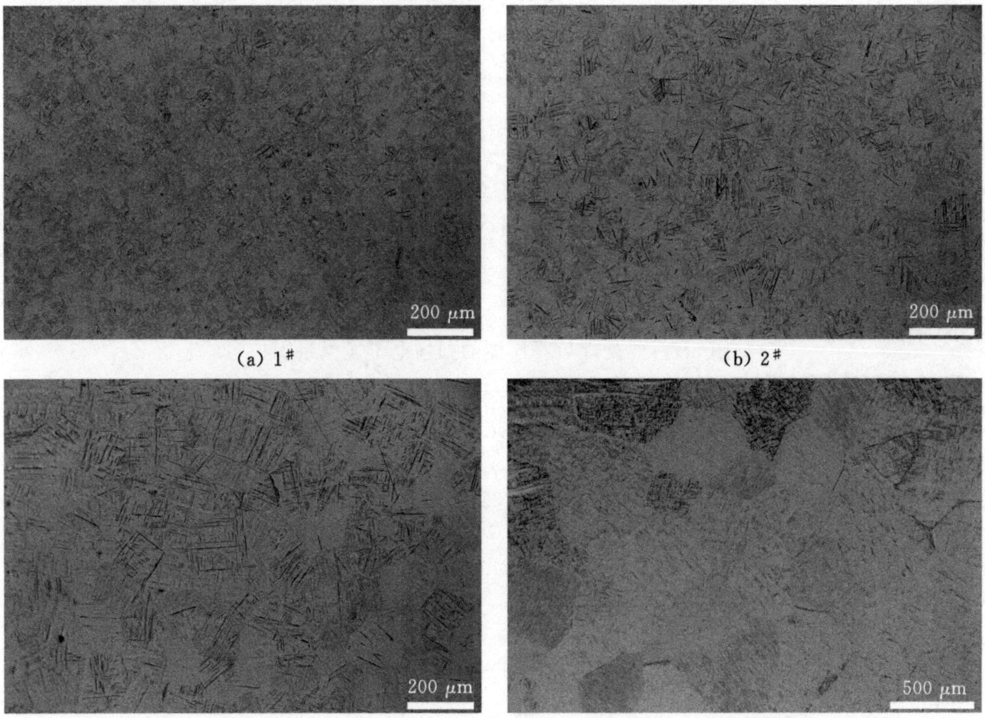

(a) $1^{\#}$　(b) $2^{\#}$　(c) $3^{\#}$　(d) $4^{\#}$

图 3-6　热处理后马氏体的光学显微组织

XRD 分析证实了图 3-9 中试样的晶体取向。样品晶体优先取向分别在 3 个 IPF 示意图中展现。$1^{\#}$ 试样的定向结果见图 3-9(a)。晶体的定向密度为其随机取向的 3.71 倍，这揭示了没有特定非常强化的晶体取向。在 TD 方向的极图上，显现较弱的整体晶体织构取向，特点是部分晶体(0001)面的法线与样品 TD 轴平行。在 ND 方向图里，可观察到一组晶体 $\{10\bar{1}0\}$ 的柱面法线与轴平行。其他取向密度较低，接近于＜0001＞晶向的 20°、30°、40°或 65°角。再者，RD 方向图显示出晶体取向的弱特征。其中，(0001)面法线方向与轴方向一致。进一步分析，将 $2^{\#}$ 和 $3^{\#}$ 试样的取向结果展示在图 3-9(b)和(c)中，两图显示，晶体取向强度和分布与 $1^{\#}$ 样品的几乎一致。

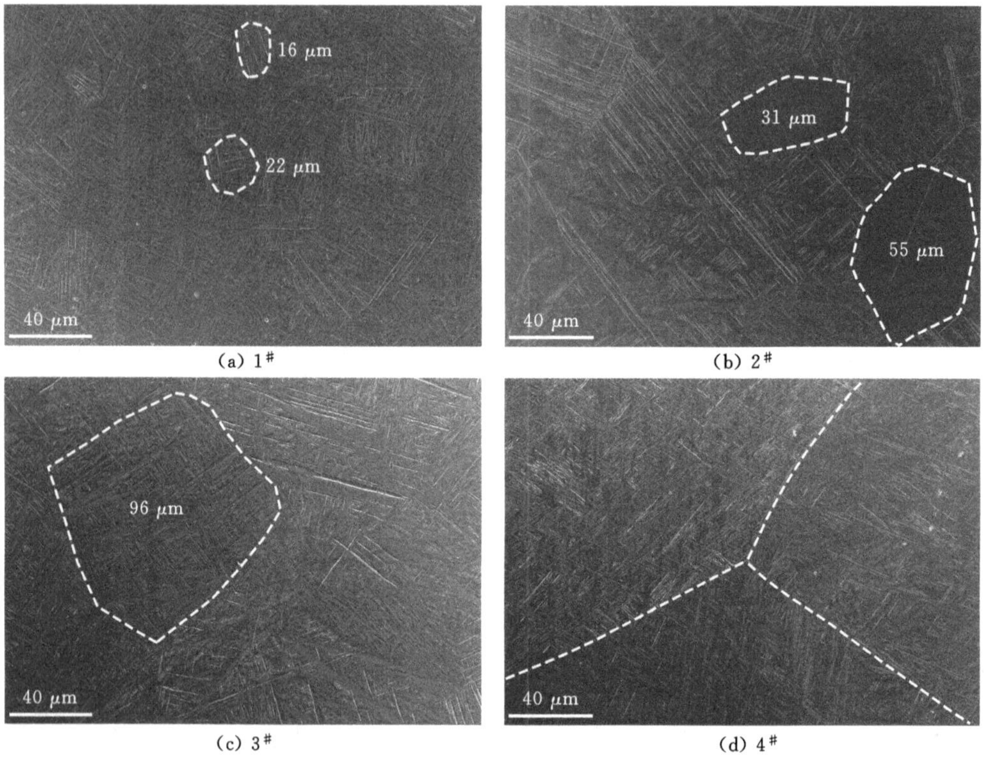

图 3-7　热处理后马氏体的扫描电子显微组织

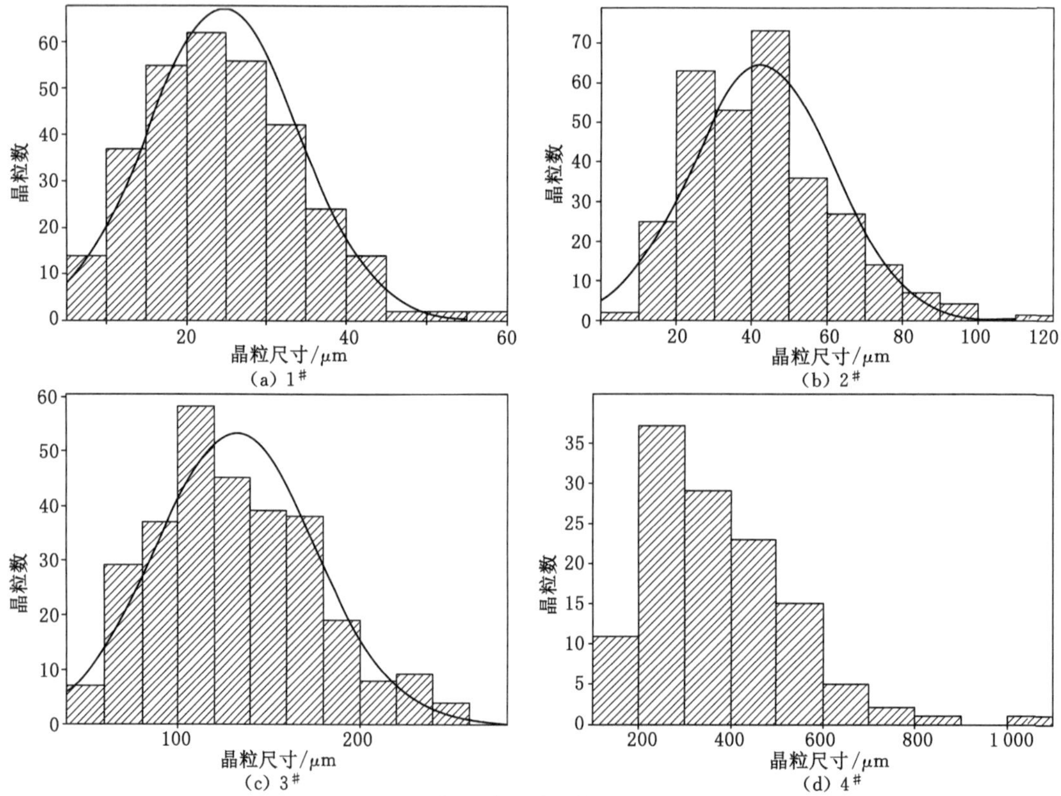

图 3-8　1# ～4# 试样母体 β 晶粒尺寸

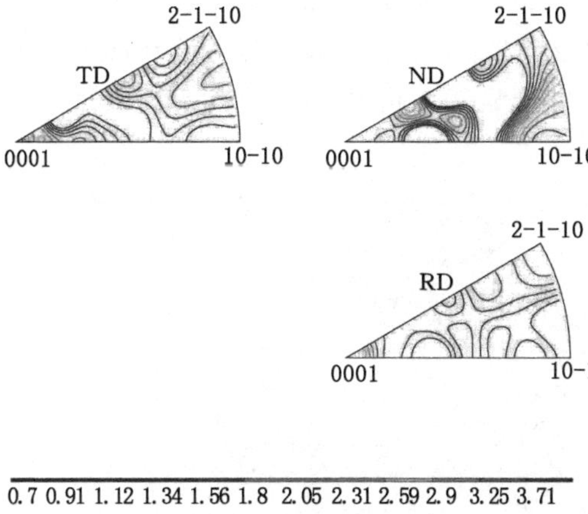

(a) 1#

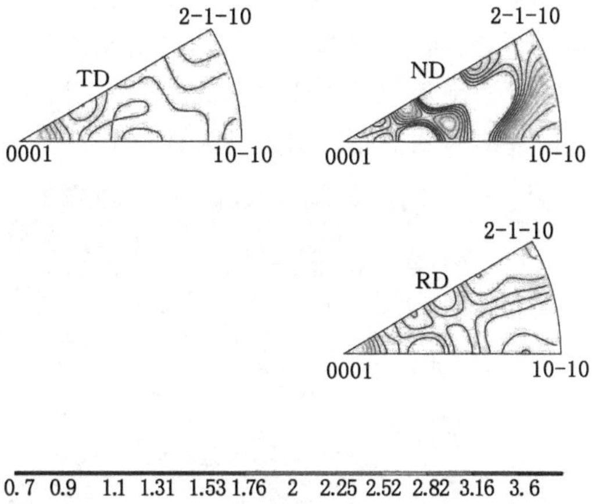

(b) 2#

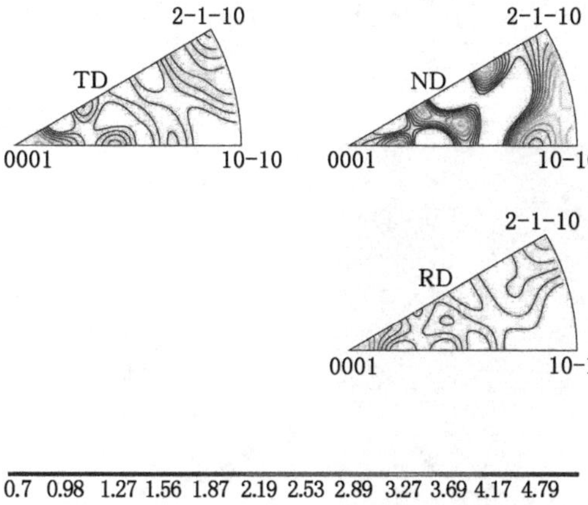

(c) 3#

图 3-9　用 IPF 图表示的 1# ～3# 试样织构

3.3.3　FLM 的精细结构

鉴于 SEM 在揭示 FLM 细致结构方面的不足，无法提供完整且精确的结构，遂采用 TEM 技术以进行更精细、详尽的分析。图 3-10(a)展示了 1# 试样的微观结构图。由图中可见，马氏体片层的尺寸相差甚远。较为明显粗大的片层被认为是一次马氏体，它们在相变初期优先生成，最大可达数微米长。而较细小的片层则被称作二次马氏体，其在一次马氏体形成后，在相变的后期形成，并且散布于一次马氏体间隙中。二次马氏体的尺度极小，大概在几十纳米至数百纳米之间。1# 试样的片层厚度平均值约为 0.33 μm。由于这些结构是通过短暂加热至高温并保温 1 s 后迅速冷却得到的，将其完全转化为单一 α′相马氏体的具体相态无法确定，因而需要进行更细致的分析以确认特定相的组成状态。然而，根据图 3-10(d)中的 XRD 分析数据，并未在微观结构中发现残余的 β 相特征峰，表明在样品中，残余 β 相的含量非常少。因此，可以推测该组织几乎全部转化为单一相态的 α′相马氏体。

Ti-6Al-4V 钛合金的基体 β 晶粒在传统制造方法下通常较大，一般为数百微米。例如，

Shahmir 等[12]通过热处理技术获得的马氏体 β 晶粒长度约为 500 μm，且其层片厚度达到 0.8 μm。然而，根据本次研究得到的结果可以看到，1# 试样的 β 晶粒和层片尺寸都远远小于传统方法制备的马氏体结构，尤其在 β 晶粒大小上差异显著。此次尝试发现的 1# 试样微观结构被称为细 β 晶粒层片马氏体(FLM)。

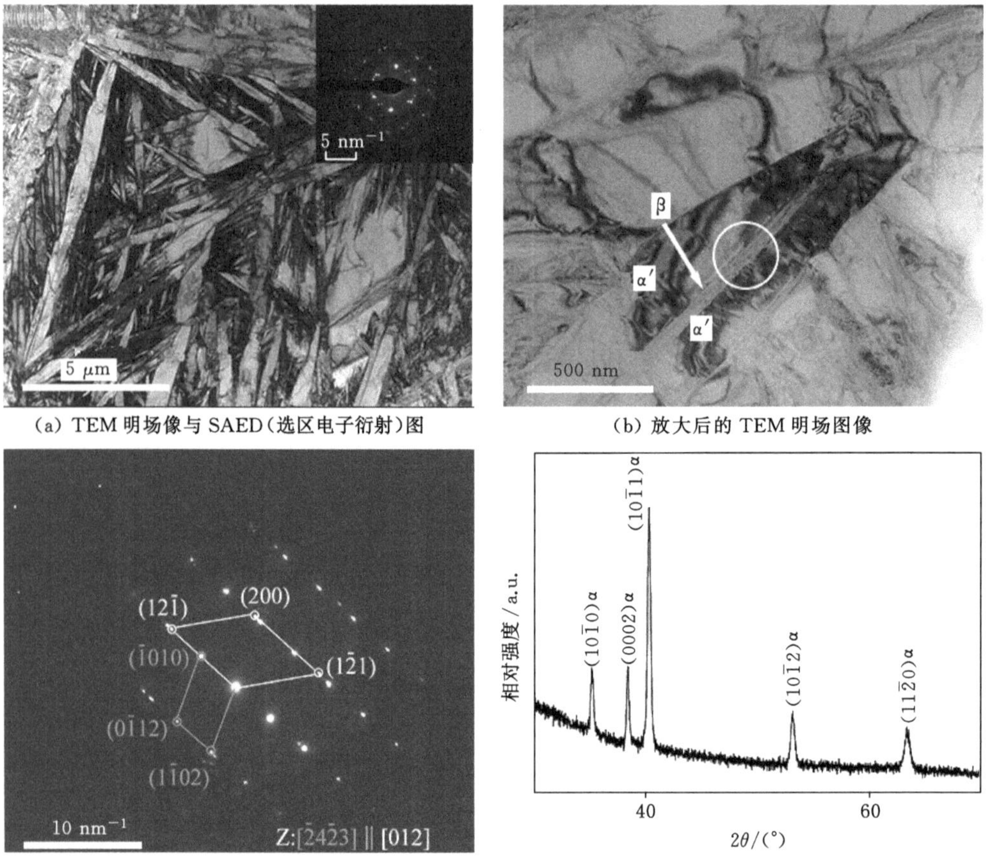

(a) TEM 明场像与 SAED(选区电子衍射)图　(b) 放大后的 TEM 明场图像

(c) 放大图像(b)区域的 SAED 图　(d) XRD(X射线衍射)结果

图 3-10　利用 TEM 和 XRD 技术揭示的 1# 试样马氏体片层的微观结构特性

3.4　FLM 的形成原理

在 Ti-6Al-4V 钛合金的热加工过程中，FLM 的形成包括由 α 相向 β 相转变，随后 β 相转变为 α′相。对于轧制后的板材，控制 α→β 转变期间 β 相的晶粒尺寸是至关重要的一步。当板材受到快速加热时，这些细密的 β 相晶粒会逐渐“吞并”周围的 α 相，以促进其自身的增长和扩张。特别需要注意的是，若加热温度低于 β 相的转变温度，β 晶粒的生长速率会显著下降，呈现出较慢的增长态势。而一旦加热温度超过 β 相的转变温度，β 相晶粒的生长将显著加速。β 晶粒的最终尺寸可以通过特定公式准确计算得出[96]：

$$d^n - d_0^n = kt\exp[-Q/(RT)] \tag{3-1}$$

其中，d 为晶粒大小，d_0 为初始晶粒大小，n 为晶粒长大指数，k 为常数，t 为时间，Q 为激活能，R 为气体常数，T 为绝对温度。在本研究中，通过调整加热速率和保温时长，成功地控制了材料的晶粒成长过程。数据显示，晶粒的发展与温度 T 和时间 t 成正比。为了减缓晶粒的增长速度，试验在相变点稍高的温度 990 ℃下进行快速加热，仅保持了极短的 1 s 保温时间。这种快速的加热和短暂的保温操作，使得材料在完全转化为 β 相后，原子由于缺乏充分的时间进行移动而无法实现快速生长，有效避免了 β 晶粒的过大扩展。

在经历 β 相到 α′相的转变时，依据两相晶体的取向关系知，β 相的晶面(110)与 α′相的(0001)平行，β 相的＜111＞方向与 α′相的＜11$\bar{2}$0＞方向平行。由此推出，β 晶粒中的(110)晶面更可能成为 α′相形核的优选位置。在低速冷却条件下，合金仅发生 β 相转变为 α 相的过程，导致形成大尺寸的层片状魏氏结构。部分 β 晶面的(110)在 α 相形核时更有优势，且沿着特定方向成长。而在高冷却速率环境下，β 相至 α′相的转换会导致形成片状马氏体[10]。这时，β 相晶面的(110)对 α′相形成的敏感性显著降低。具体来说，在足够高的冷却速率下，β 晶粒中的多个(110)晶面可能同时参与到 α′相的形核中，进而促进了合金内片状马氏体组织的形成。如图 3-9 所示的晶体学取向测试结果显示，经过 β→α′转变后，材料并未显示出明显的织构特征。尽管 3$^{\#}$ 试样显示出较强的织构强度，但仅是平均强度的 4.79 倍，远未达到水淬后马氏体组织的 7.4 倍织构密度[10]。这进一步证实，使用氩气冷却可以显著细化 Ti-6Al-4V 钛合金的马氏体片层尺寸。其他研究已表明，当钛合金由 β 相转变为 α 相时，如果两个相邻的 β 晶粒共享(110)晶面，它们可能会以此晶面为中心开始形成新的 α 相[97]。若热轧后的板材中检测到(110)晶面的织构，则相变时片层细化将变得困难，形成的片层将展现统一的晶体学取向。然而，本试验中热轧组织中 β 相的{100}、{110}和{111}极图(图 3-11)显示，β 相的晶体取向相对分散。特别是在{110}极图中，极密度值在离法线 40°轧制方向的负半轴部分出现显著峰值，最大织构密度约为 4.17。另一个显著的最大极密度值在离法线 75°的横向负半轴上，最大织构密度约为4.22。整张{110}极图没有发现明显的 β 相{110}织构，进而影响了后续相变中材料的织构特征，表现为形成的织构较弱，片层结构也更细小。

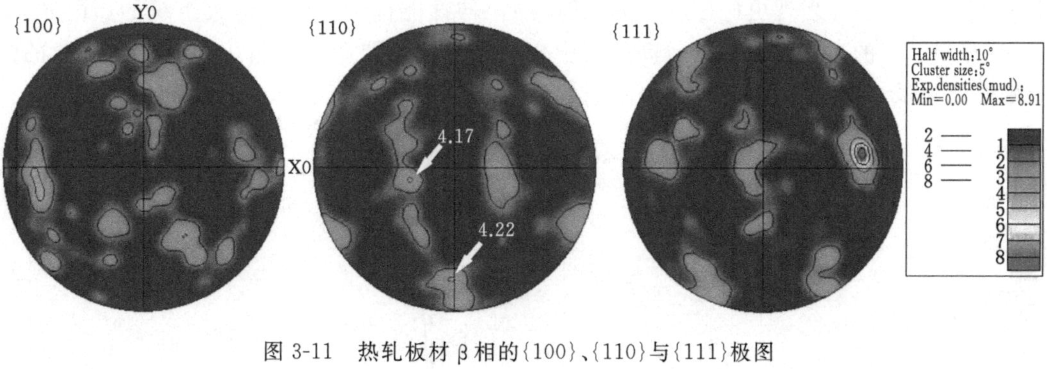

图 3-11　热轧板材 β 相的{100}、{110}与{111}极图

第 4 章　FLM 的力学性能

4.1 引　　言

Ti-6Al-4V 钛合金作为航空航天领域常用的结构材料，其在承受拉伸和冲击载荷时的力学性能至关重要。为了提升其服役性能，需要对材料的微观组织进行调控和优化。前期研究已成功制备出不同晶粒尺寸的马氏体组织，特别是 FLM 组织，为性能优化提供了基础。本研究旨在评估 FLM 组织在拉伸和冲击载荷下的力学性能，并与其他 Ti-6Al-4V 钛合金组织进行对比。利用万能拉伸试验机和 XJUD-5.5 型悬臂梁冲击试验机，对不同组织的拉伸和冲击性能进行了测试。利用 DIC 数字图像相关系统和 SEM 等技术对变形后的组织进行表征，获得了应变分布和断口形貌等数据。这些测试结果为深入研究 Ti-6Al-4V 钛合金 FLM 的强韧化机理和塑性变形行为提供了依据。

4.2 拉伸力学性能

图 4-1 和图 4-2 展示了样品的应力-应变曲线及强度与塑性指标，具体力学性能指标见表4-1。屈服强度、抗拉强度、总延伸率、均匀变形延伸率和集中变形延伸率分别用符号 $R_{p0.2}$、R_m、δ_t、δ_u、δ_p 表示。由测试结果可知，片层组织较热轧与退火组织在强塑性匹配上更优，特别是 1# 试样的塑性表现更好。5# ～8# 试样的拉伸性能优于热轧与退火组织的。由 δ_p/δ_t 得知，片层组织的高塑性源于其较高的集中变形延伸率。要明确材料为何展现出优异的强塑性匹配关系，需要在后续的详细微观组织表征与分析中，进行深入的探讨与阐述。

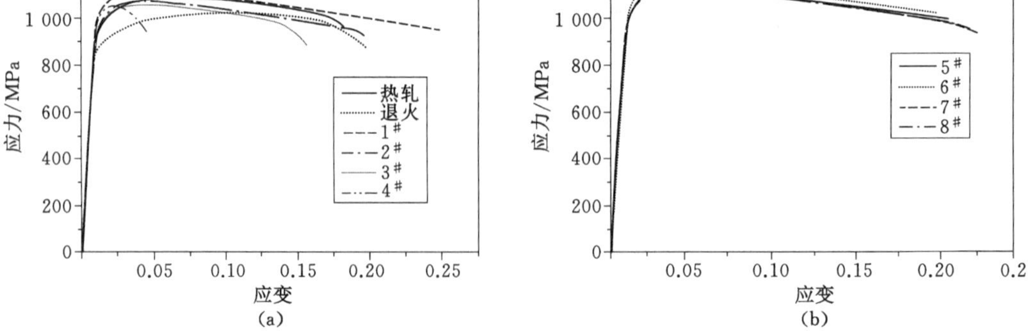

图 4-1　应力-应变关系曲线

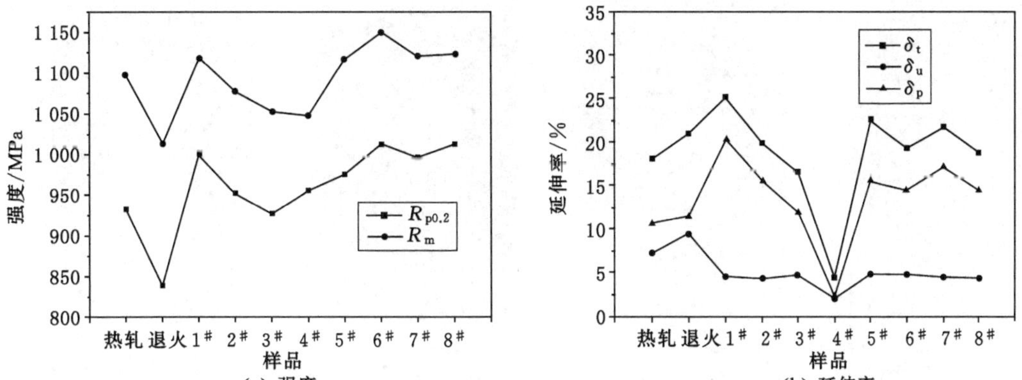

(a) 强度　　(b) 延伸率

图 4-2　强度及延伸率指标

表 4-1　各样品的拉伸力学性能指标

试样	$R_{p0.2}$/MPa	R_m/MPa	$R_{p0.2}/R_m$	δ_u/%	δ_p/%	δ_t/%	δ_p/δ_t
热轧	933±3	1 098±11	0.85	7.3±0.6	10.7±0.3	18.1±0.4	0.59
退火	839±20	1 013±13	0.83	9.5±0.3	11.5±1.4	21.0±1.2	0.55
1#	999±13	1 118±3	0.89	4.6±0.2	20.3±0.2	25.1±0.2	0.81
2#	952±30	1 077±2	0.88	4.3±0.2	15.5	19.9±0.3	0.78
3#	927±19	1 053±6	0.88	4.7±0.2	11.9±1.2	16.6±1	0.72
4#	956±12	1 048±4	0.91	2.1±0.1	2.3	4.4±0.1	0.52
5#	976±10	1 118±5	0.87	4.9±0.5	15.6±0.9	22.5±1.5	0.69
6#	1 013±18	1 151±8	0.88	4.8±0.3	14.5±1.2	19.3±1.1	0.75
7#	996±12	1 121±6	0.89	4.5±0.6	17.2±0.6	21.7±1.2	0.79
8#	1 013±18	1 124±5	0.90	4.4±0.5	14.5±2.9	18.8±3.3	0.77

4.3　拉伸微区 Mises 应变

利用 DIC 技术能够精准测量材料变形时的宏观应变分布。这一方法通过监控物体表面的散斑图像，即通过在样品表面涂布黑白漆点，来实现对变形过程中物体表面坐标、位移及应变的精密测量，确保了分析结果的高度准确和高可靠性。在材料经历拉伸变形时，不仅会受到横向拉力和纵向收缩的影响，还会受到与拉伸轴成特定角度的剪切力，这些力的共同作用促使合金产生应变。为量化材料在变形过程中的应变及其分布，选用 Mises 等效应变作为评判标准。图 4-3 展示了热轧及退火板材在拉伸变形时的 Mises 应变分布，其中，图 4-3(a)显示的是热轧板材，图 4-3(b)显示的是退火板材。从图中可见，在塑性变形初期，两板材的边缘均呈现出应变集中现象。随着变形的深入，板材中心开始承受更高应变。在塑性变形后期，板材最大应变集中区与拉伸轴形成约 75°的显著夹角，如图中白色线条所标示。由此可推测，这两种板材在承受剪切力时展现出了较低的抵抗性，这意味着在后续变形过程中，它们可能沿着与拉伸轴呈一定角度的方向发生断裂。

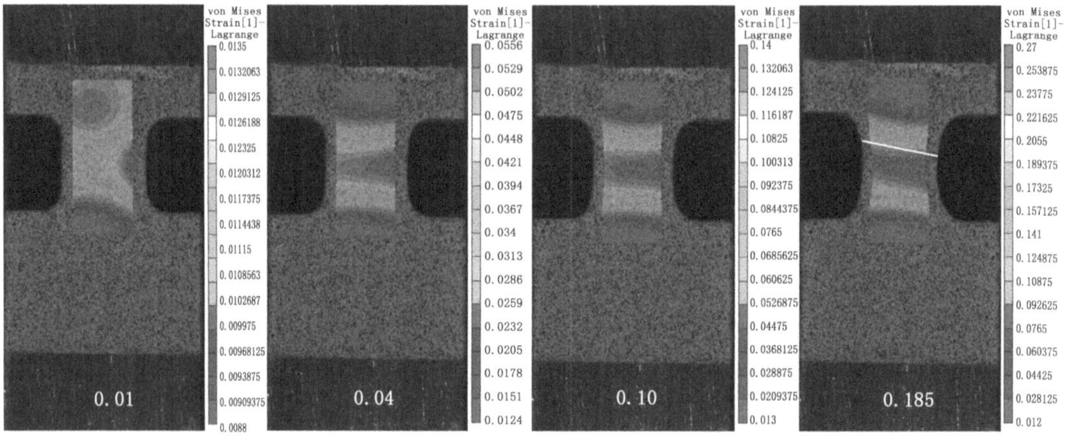

(a) 热轧

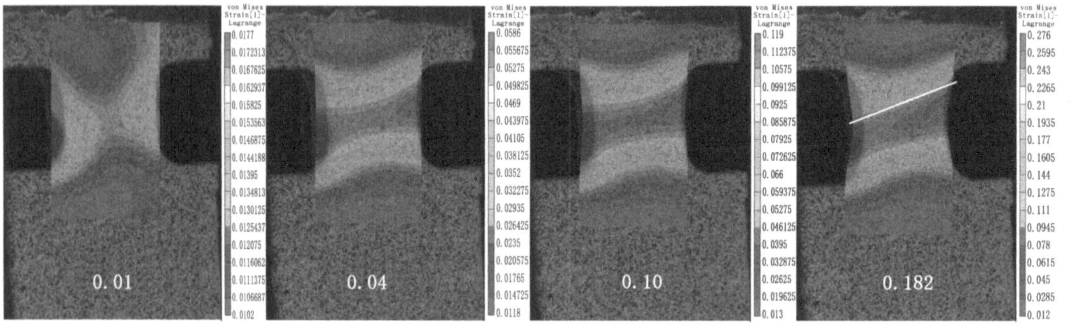

(b) 退火

图 4-3 热轧与退火试样变形不同阶段 Mises 应变分布

图 4-4 呈现了 1# ～4# 试样拉伸变形不同应变阶段的 Mises 应变分布。显而易见，在塑性变形的起始，所有试样边缘均是应变的“聚集地”。然而，随着变形进程的推进，应变重心慢慢向材料中心迁移，且强度逐渐升级。至变形后期，试样上应变峰值区域与拉伸轴形成近似直角。由此，可做出合理假设，相较于热轧和退火状态下的合金，片层马氏体组织在应对剪切力时，展现出了更为卓越的性能。这预示着，在后续的变形阶段，材料断裂更倾向于在局部颈缩处发生。

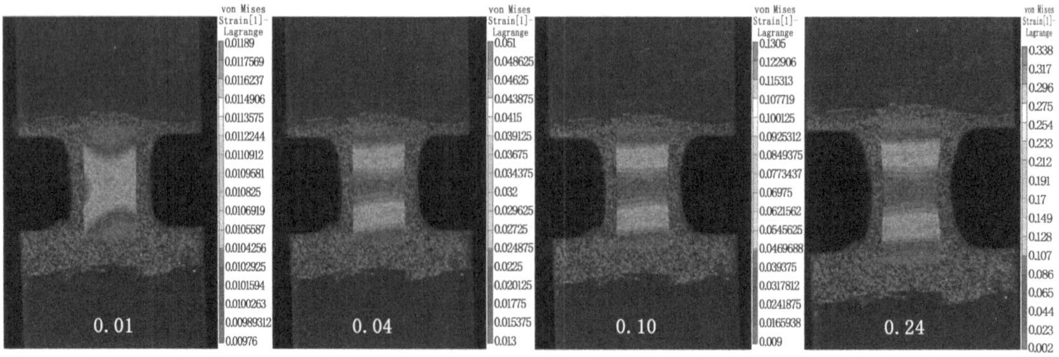

(a) 1#

图 4-4 片层组织拉伸变形不同应变阶段 Mises 应变分布

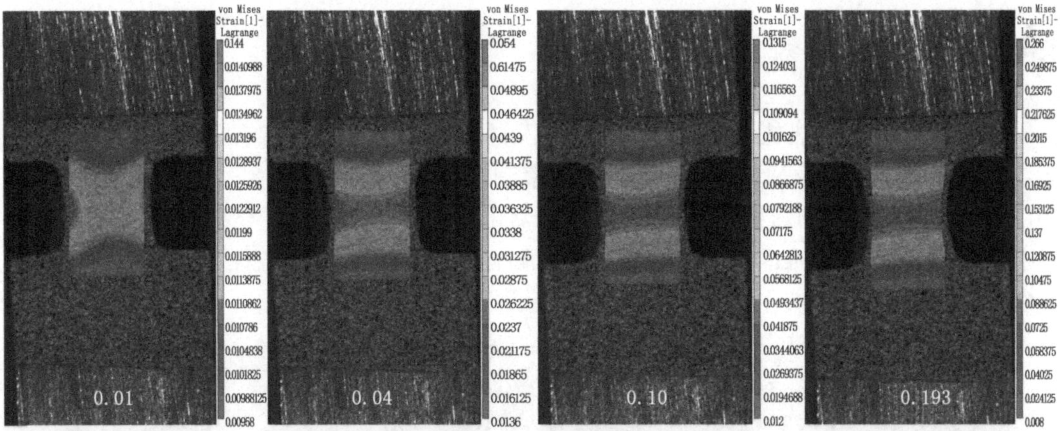
von Mises Strain[1]-Lagrange
0.144
0.0140988
0.0137975
0.0134962
0.013196
0.0128937
0.0125926
0.0122912
0.01199
0.0115888
0.0113875
0.0110862
0.010786
0.0104838
0.0101825
0.00988125
0.00958
0.01
von Mises Strain[1]-Lagrange
0.054
0.61475
0.04895
0.046425
0.0439
0.041375
0.03885
0.036325
0.0338
0.031275
0.02875
0.026225
0.0237
0.021175
0.01865
0.016125
0.0136
0.04
von Mises Strain[1]-Lagrange
0.1315
0.124031
0.116563
0.109094
0.101625
0.0941563
0.0866875
0.0792188
0.07175
0.0642813
0.0568125
0.0493437
0.041875
0.0344063
0.0269375
0.0194688
0.012
0.10
von Mises Strain[1]-Lagrange
0.266
0.249875
0.23375
0.217625
0.2015
0.185375
0.16925
0.153125
0.137
0.120875
0.10475
0.088625
0.0725
0.056375
0.04025
0.024125
0.008
0.193

(b) 2#

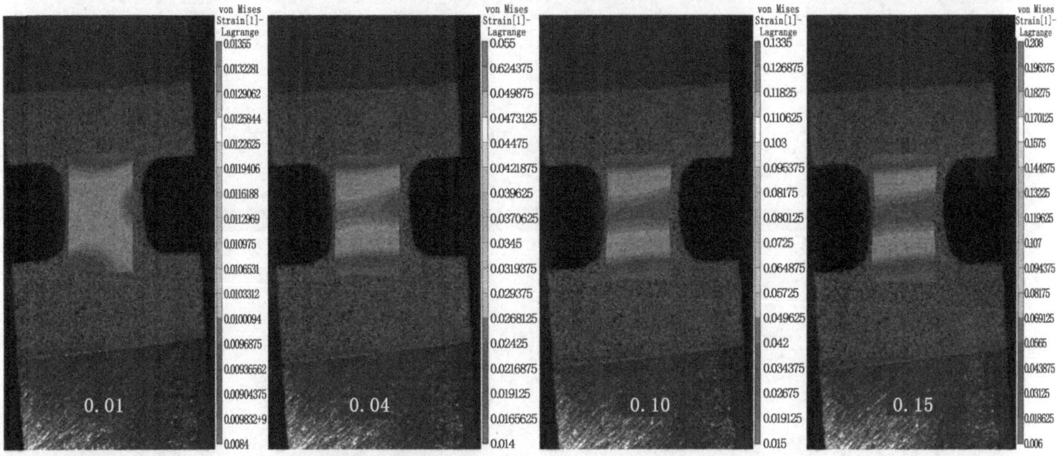
von Mises Strain[1]-Lagrange
0.01355
0.0132281
0.0129062
0.0125844
0.0122625
0.0119406
0.0116188
0.0112969
0.010975
0.0106531
0.0103312
0.0100094
0.0096875
0.00936562
0.00904375
0.009832+9
0.0084
0.01
von Mises Strain[1]-Lagrange
0.055
0.624375
0.049875
0.0473125
0.04475
0.0421875
0.039625
0.0370625
0.0345
0.0319375
0.029375
0.0268125
0.02425
0.0216875
0.019125
0.0165625
0.014
0.04
von Mises Strain[1]-Lagrange
0.1335
0.126875
0.11825
0.110625
0.103
0.095375
0.08175
0.080125
0.0725
0.064875
0.05725
0.049625
0.042
0.034375
0.02675
0.019125
0.015
0.10
von Mises Strain[1]-Lagrange
0.208
0.196375
0.18275
0.170125
0.1575
0.144875
0.13225
0.119625
0.107
0.094375
0.08175
0.069125
0.0565
0.043875
0.03125
0.018625
0.006
0.15

(c) 3#

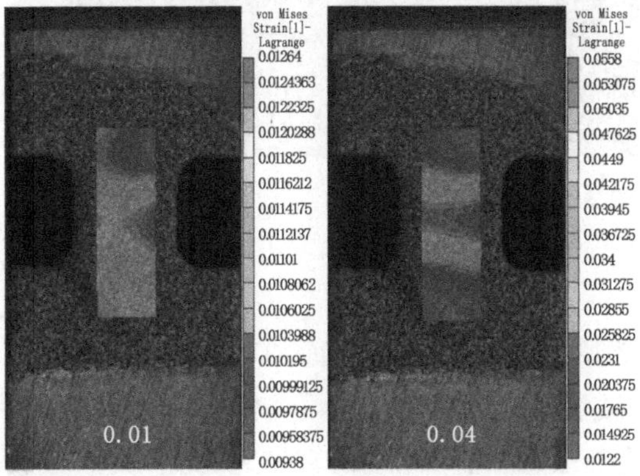
von Mises Strain[1]-Lagrange
0.01264
0.0124363
0.0122325
0.0120288
0.011825
0.0116212
0.0114175
0.0112137
0.01101
0.0108062
0.0106025
0.0103988
0.010195
0.00999125
0.0097875
0.00958375
0.00938
0.01
von Mises Strain[1]-Lagrange
0.0558
0.053075
0.05035
0.047625
0.0449
0.042175
0.03945
0.036725
0.034
0.031275
0.02855
0.025825
0.0231
0.020375
0.01765
0.014925
0.0122
0.04

(d) 4#

图 4-4(续)

4.4 拉伸断口形貌

如图 4-5 所示，经热轧及退火工艺处理后，材料断裂面展现出特有的形态。宏观审视下，两者断面均显露出不平整的纹理，且未观察到出现二次裂纹的迹象。深入至微观结构，断口特征统一呈现为韧窝模式，无异常巨型韧窝出现。就韧窝尺寸与分布均匀性而言，两者间未见明显区别，故可推断两者皆拥有标准的韧性断裂特性。这种特性与其表现出的优越塑性性能相辅相成。

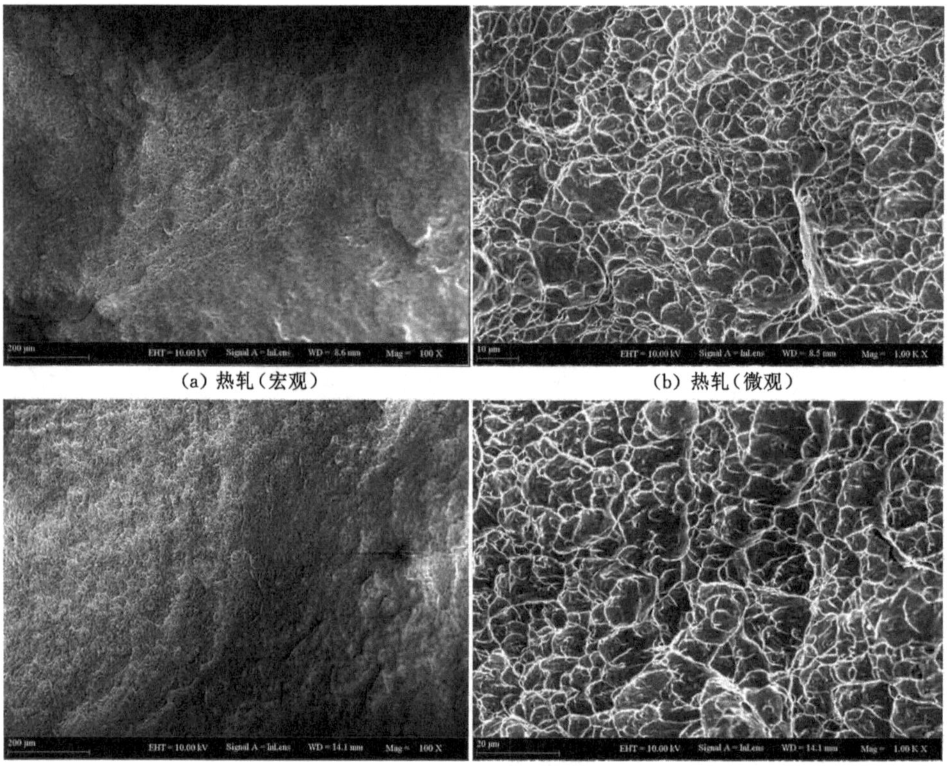

(a) 热轧(宏观)　(b) 热轧(微观)

(c) 退火(宏观)　(d) 退火(微观)

图 4-5　热轧和退火试样断口

图 4-6 展示了 1# ～4# 样品在宏观视角及微观层面的拉伸断裂面的特征。具体来讲，1# 样品的宏观断裂面如图 4-6(a)所示，断裂区域波澜起伏，点缀着数个细小的次级裂缝。深入观察，图 4-6(b)揭示了样品核心区域的微观断裂面，两个深邃的韧坑尤为显眼，周边散布着众多微型韧坑。图 4-6(c)所示为 2# 样品的宏观断裂面，整体呈现出明显的波状结构，伴随细微的次级裂纹。图 4-6(d)的微观视图显示，2# 样品中心部位主要由较小的韧坑构成。图 4-6(e)中，3# 样品宏观断裂面的不平整特征显著，次级裂纹长度较其他区域更为突出。图 4-6(f)所示为局部放大图，微观断裂面展现出细小韧坑与片层状小平台并存。至于 4# 样品，图 4-6(g)所示的宏观断裂面虽有微小波动，但总体平滑，未见明显次级裂纹。图 4-6(h)所示为 4# 样品微观视图，其呈现出小平台与周边小韧坑的分布，小平台比例较 3#

样品的有所提升。通过对 $1^{\#}$ ～$4^{\#}$ 样品宏观与微观断裂面的综合分析知，次级裂纹数量递减而长度渐增，且长度大致与 β 晶粒大小相匹配。这一现象暗示断裂模式正从韧性断裂向兼具韧性和脆性的混合模式转变，与样品塑性递减的趋势相对应。值得注意的是，$1^{\#}$ 样品在局部区域形成数个极其显著且深长的韧坑，这些韧坑源于多个小韧坑的融合，证实了 $1^{\#}$ 样品拥有卓越的集中塑性变形能力，与热轧及退火态样品形成鲜明对比。

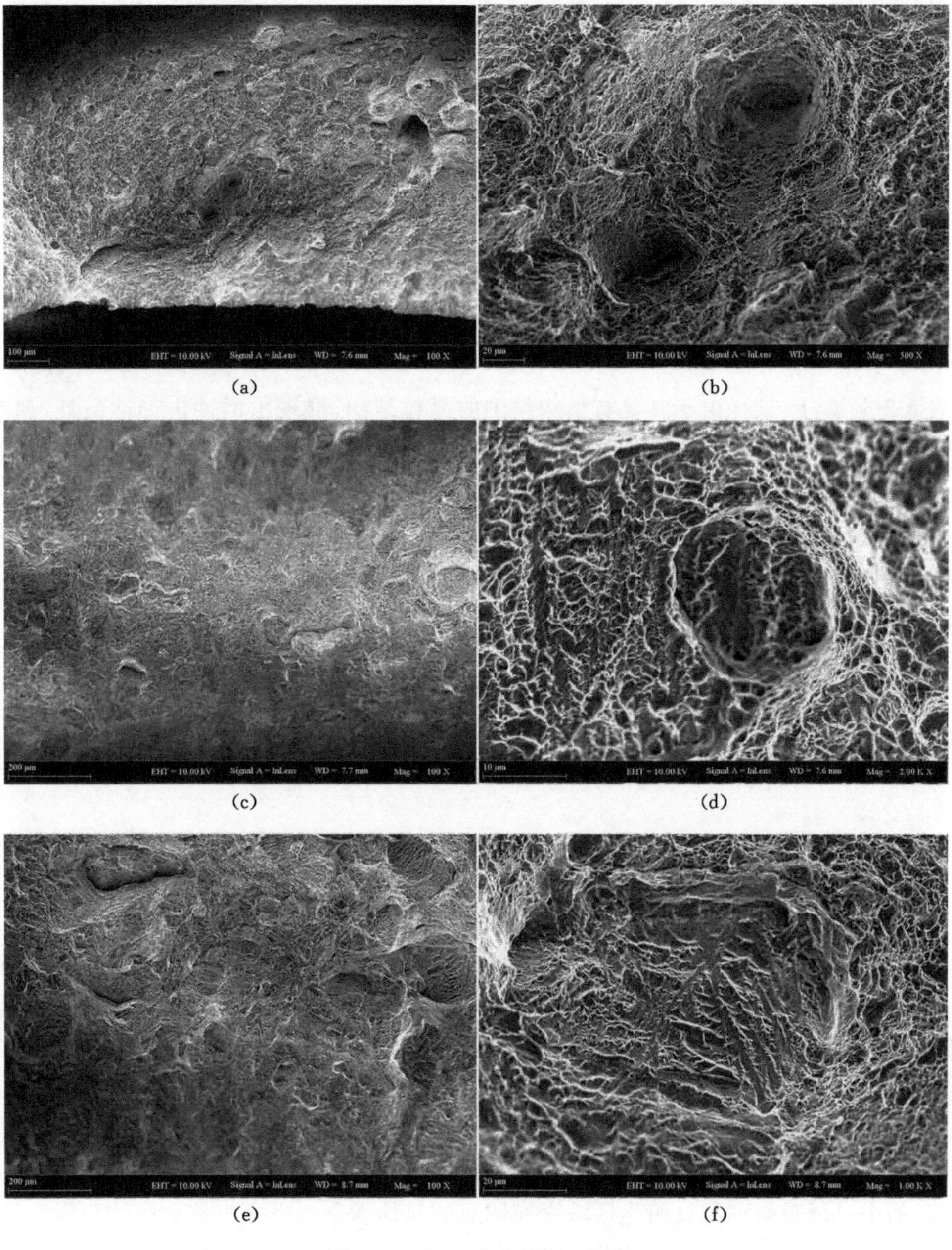

(a)　(b)　(c)　(d)　(e)　(f)

图 4-6　$1^{\#}$ ～$4^{\#}$ 试样断口形貌

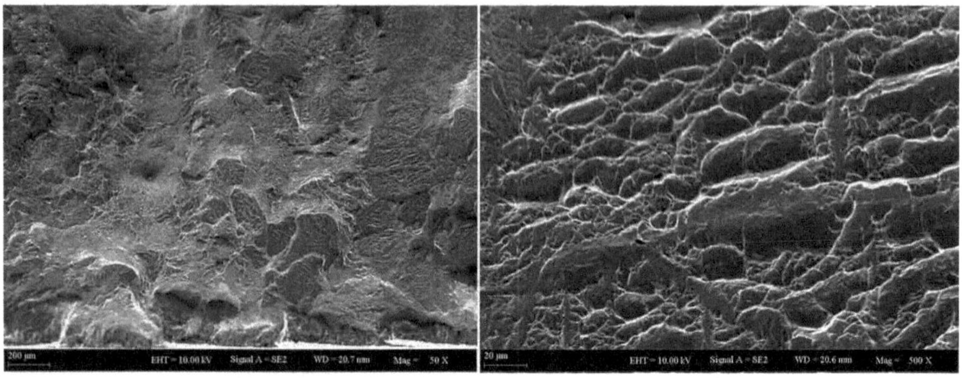

(g) (h)

图 4-6(续)

4.5 冲击性能

表 4-2 显示，1# 试样由于其具有最为精细的晶粒结构，展现出的冲击韧性最佳，超越了 2# 与 3# 试样；4# 试样由于晶粒最大，导致冲击韧性明显下滑。整体而言，马氏体结构的冲击韧性超越了原轧制样本，但需注意，4# 试样的冲击韧性稍有逊色，不及原轧制状态。深入分析冲击韧性变化，基本可见，随着马氏体晶粒的增大，其韧性呈现递减态势。值得一提的是，对比热轧状态样本，1# 试样的冲击韧性实现了高达 24%的显著跃升。

表 4-2 试样的冲击韧度指标

试样	1#	2#	3#	4#	热轧
冲击韧度/(kJ/m²)	133.7±10	122.8±13	126.6±18	99.9±12	107.5±15

4.6 断口形貌

为了更全面地考察片层马氏体结构在抵御冲击力方面的特性，应当对样品的冲击破裂面进行深度剖析与细致评估。具体来说，观察冲击破裂面的全局形貌可以发现，裂纹起源区、裂纹扩展区以及最终的撕裂区域依次排开，这三大区域协同构成了冲击断裂面的全景图。如此深入地研究，将有助于更准确地理解片层马氏体在承受冲击时的微观行为与宏观表现。

图 4-7 展示了热轧样品的冲击断口形貌特征。具体而言，图 4-7(a)为宏观视角下的断口形貌，从中可以观察到裂纹萌生区域存在明显的起伏现象。进一步放大裂纹萌生区域，如图 4-7(b)所示，其微观形貌呈现为韧窝状，但韧窝的尺寸相对较小。同样地，对裂纹扩展区域进行放大观察，如图 4-7(c)所示，该区域的微观形貌也表现为韧窝状，且韧窝的尺寸与裂纹萌生区的相近。这些冲击断裂后形成的韧窝形貌，是材料发生韧性断裂的明确证据，并表明该材料具备良好的冲击韧性。

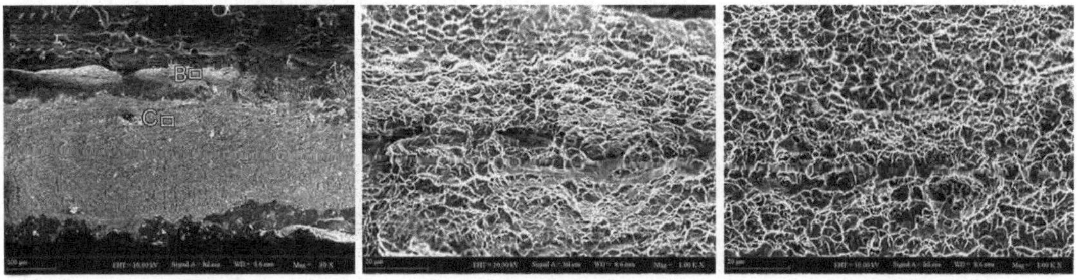

(a) 低倍形貌　　(b) 区域高倍形貌（B）　　(c) 区域高倍形貌（C）

图 4-7　热轧试样形貌

1# 试样冲击断口形貌如图 4-8 所示。由宏观图 4-8(a)可见，裂纹萌生区和扩展区均呈现起伏形态，并伴有二次裂纹。为探究裂纹萌生区的微观结构，对其进行局部放大，结果如图 4-8(b)所示，呈现出典型的韧窝特征。而裂纹扩展区的放大图[图 4-8(c)]显示，该区域也呈现韧窝状，但韧窝尺寸较萌生区更大。进一步放大图 4-8(c)中的方框区域，得到图 4-8(d)，可以观察到较大韧窝内部存在明显的穿片层撕裂特征，表明冲击裂纹扩展需穿过大量马氏体片层。这些韧性断裂特征与材料表现出的优异冲击韧性一致。

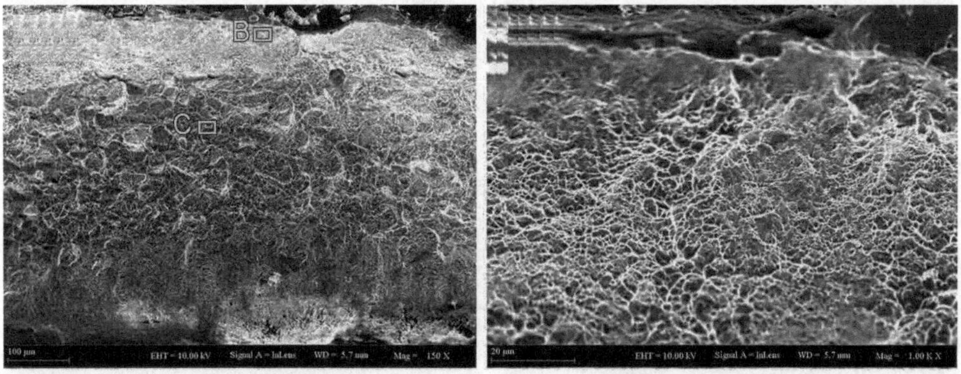

(a) 低倍形貌　　(b) 图(a)区域内高倍形貌（B）

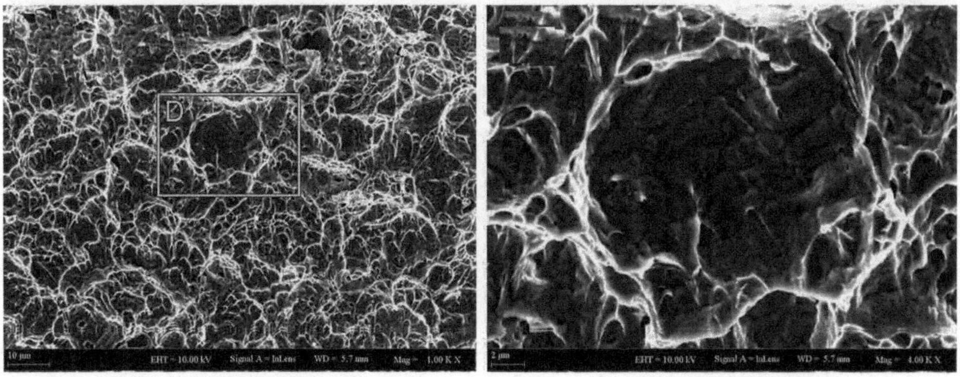

(c) 图(a)区域内高倍形貌（C）　　(d) 图(c)区域内高倍形貌（D）

图 4-8　1# 试样断口形貌

图 4-9 展示了 2# 试样的冲击断口形貌。在图 4-9(a)中，观察到宏观断口形貌呈现出一定的起伏状态，裂纹萌生区与扩展区均存在若干二次裂纹。为了更深入地分析裂纹萌生区的特征，对局部进行了放大处理，结果如图 4-9(b)所示。在微观层面上，该区域的形貌主要由韧窝构成，同时伴随有少量的平台特征。通过对裂纹扩展区域进行放大观察，如图 4-9(c)和(d)所示，可以清晰地看到不同的微观形貌特征。在图 4-9(c)中，微观形貌中呈现出低能量撕裂的小平面，这些小平面上裂纹的扩展路径显示出其穿透了马氏体片层，并沿着马氏体片层进行扩展。进一步细致观察，可以发现每一个小平面与原始 β 晶粒的尺寸相当，这表明在裂纹扩展的过程中，有一部分裂纹是沿着 β 晶界或者马氏体片层之间的界面进行扩展的。图 4-9(d)展示了裂纹扩展区内另一种具有显著微观形貌特征的区域，该区域主要呈现为韧窝形貌。这些混合断裂特征的存在，进一步印证了该材料具备良好的冲击韧性特性。

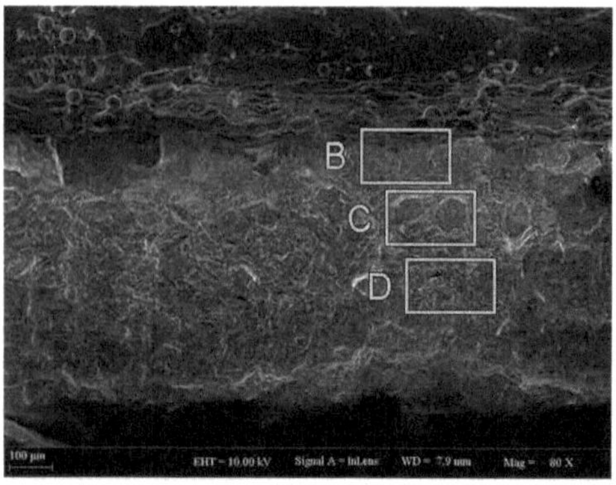

(a) 低倍形貌

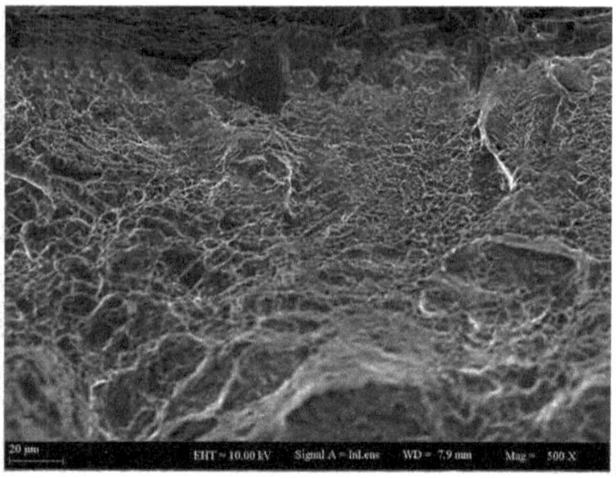
(b) 图(a)区域内高倍形貌(B)

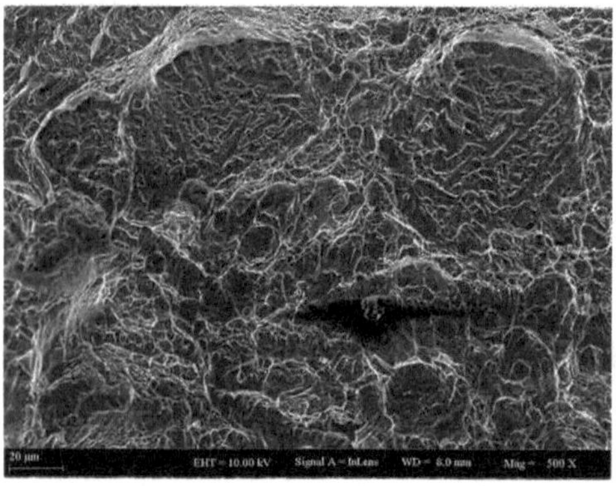
(c) 图(a)区域内高倍形貌(C)

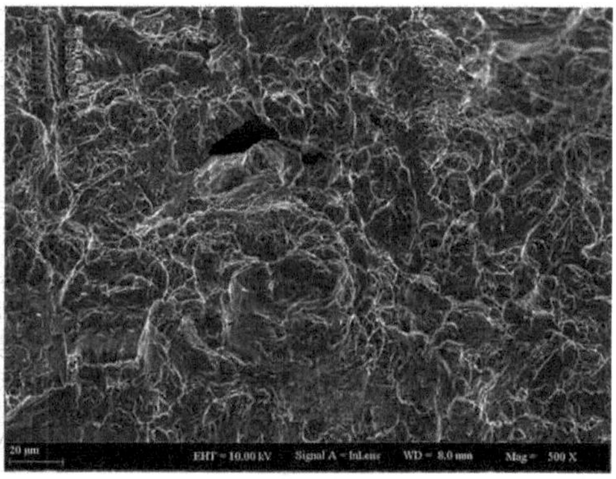
(d) 图(a)区域内高倍形貌(D)

图 4-9　2# 试样断口形貌

图 4-10 详细地描述了 3# 试样冲击断口的外观和特征。从宏观角度观察，在图4-10(a)中，可以看到裂纹的萌生区和扩展区都展现出一种不平坦的形态，且在这两个区域内均可见多条次级裂纹。为了深入探究裂纹萌生区的细节，进行了放大查看，如图 4-10(b)展示的那样。在放大的微观视图中，裂纹萌生区的特征表现为等大或是拉伸形态的韧性凹陷，并伴有若干小的平坦区域。对裂纹扩展区进行进一步放大后，在图 4-10(c)和(d)中观察到了不同。在图 4-10(c)中，微观结构主要显现为等大的韧性凹陷，以及一些展长的韧性凹陷，同时还可以见到一些相对平滑的平面。在图 4-10(d)中，则观察到了裂纹扩展区的另一块区域，这个

区域呈现为局部低能量撕裂下的微小平面，这些小平面的特征与 2# 试样相似，并且其大小和原始的 β 晶粒尺寸相当。这些观察结果进一步支撑了裂纹沿 β 晶界和马氏体片层之间扩展的结论。这些复合的断裂特点与该材料展现的高冲击韧性是一致的。

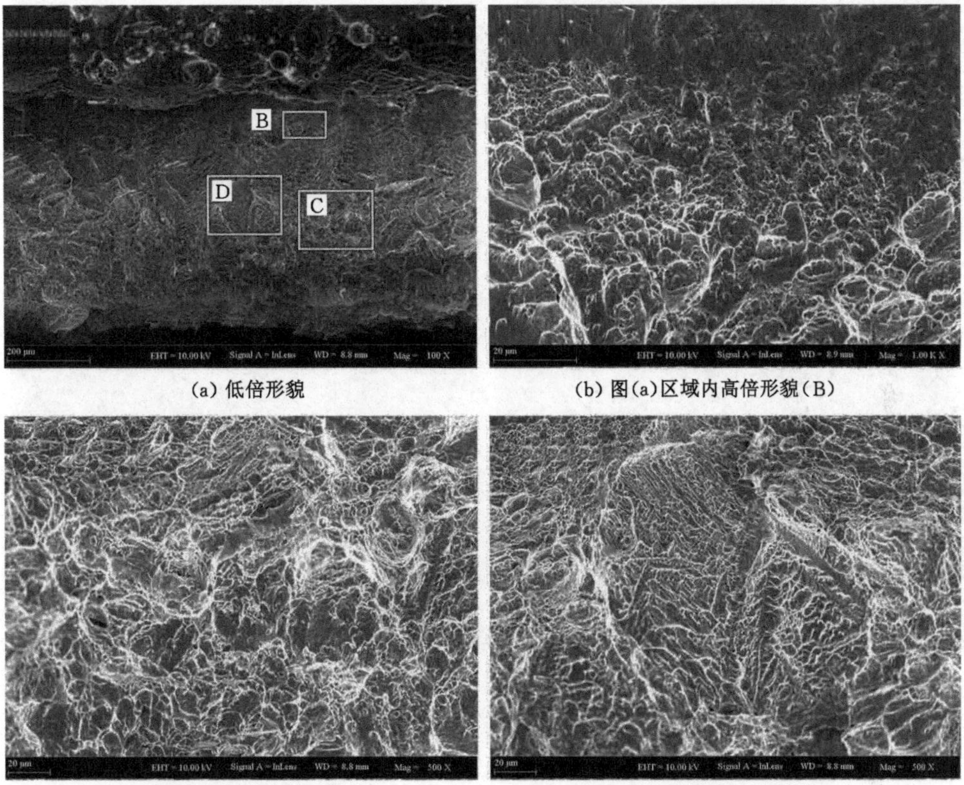

(a) 低倍形貌　(b) 图(a)区域内高倍形貌(B)

(c) 图(a)区域内高倍形貌(C)　(d) 图(a)区域内高倍形貌(D)

图 4-10　3# 试样断口形貌

图 4-11 中展示的是 4# 试样的冲击断裂表征，其中图 4-11(a)所示为整体视角的断裂形态。在整体观察中，裂纹的起始和传播区域具有明显的不规则形状，但并未发现存在二次裂纹。图 4-11(b)是对裂纹开始区域的放大观察图，可见其微观结构以韧性空洞为主，并在空洞间有极细的条带存在。对图 4-11(b)中该区域进行详细观察，发现该区域的大小与 β 晶粒的大小相仿。由此可推知，在裂纹形成的起始阶段，微小的裂纹更趋向于在 β 晶界和层间界面产生。裂纹蔓延区域的微观结构，在图 4-11(c)中以同心或伸长的韧窝和微小断裂面共存为显著特征。在图 4-11(d)中进一步放大观察中，可见靠近断裂终了区域的微观结构主要是浅而微小的韧性空洞，以及稀少的平整断裂面的生成。这些混合的断裂形态中，韧性特征的比重较小，与样品整体冲击韧性较低的特性相一致。

为了深入研究裂纹源头的位置，对裂纹起源处的表面进行细致的分析显得尤为重要。以下展示的是对热轧样品及编号为 1#、2#、4# 的试样在冲击裂纹形成区域的深入而详尽的微观结构分析。

图 4-12 中呈现了热轧样在遭到冲击而引起断裂后，其表面的外观特征。具体来说，图 4-12(a)展示了整体断裂面的形态，其中可以清楚地发现，裂纹起始区域周围遍布着许多

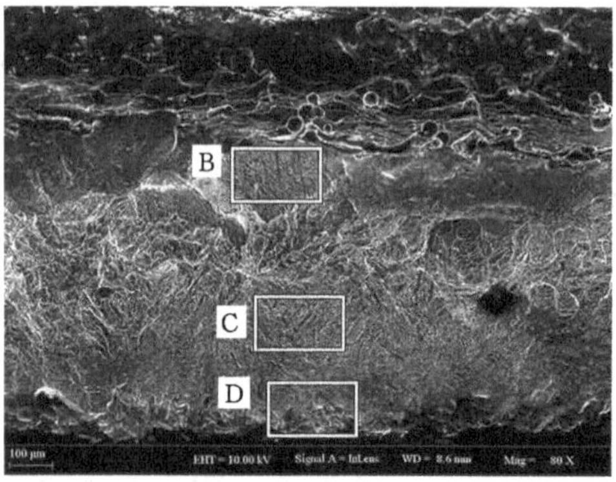

(a) 低倍形貌

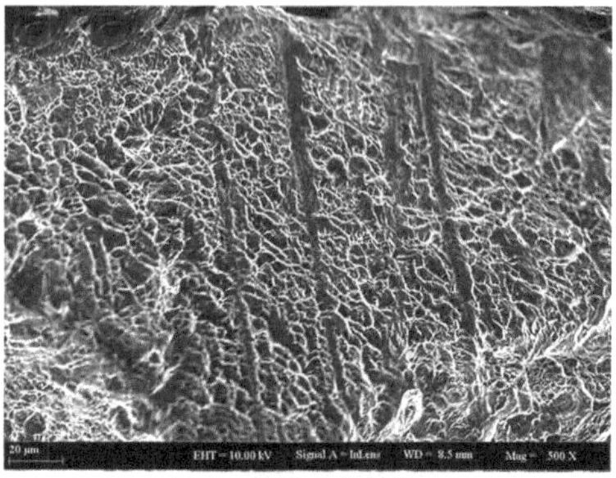

(b) 图(a)区域内高倍形貌(B)

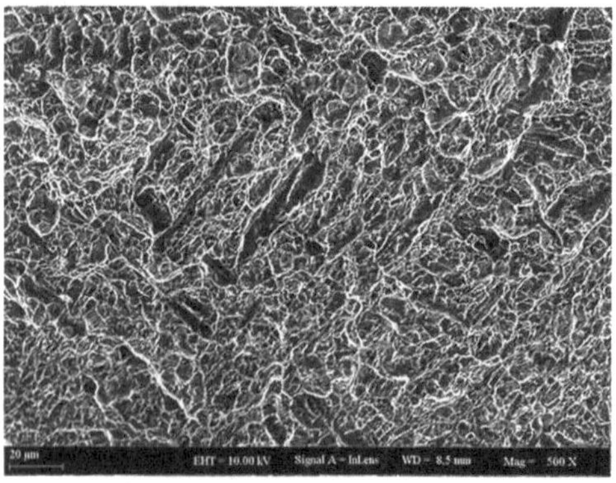

(c) 图(a)区域内高倍形貌(C)

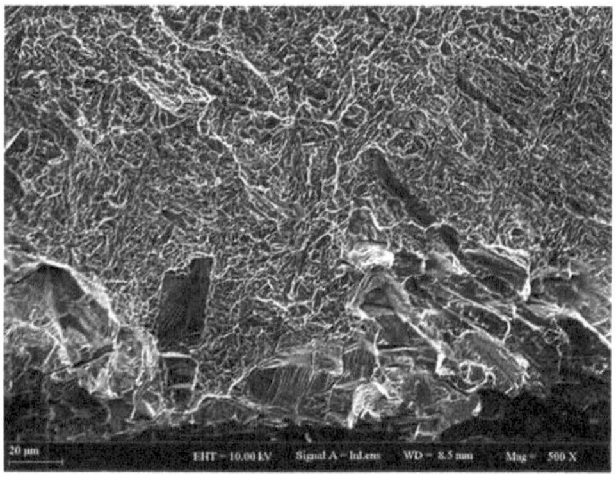

(d) 图(a)区域内高倍形貌(D)

图 4-11　4# 试样断口形貌

非常小的孔洞。这些小孔在撞击形变时很可能成为微裂纹生成的地方。为了进一步研讨这一现象,对图 4-12(a)中的特定细节进行了更细致的观察,放大后的结果呈现在图 4-12(b)中。在放大后的照片中,可以清楚地看出微裂纹实际上是在晶界处开始的。

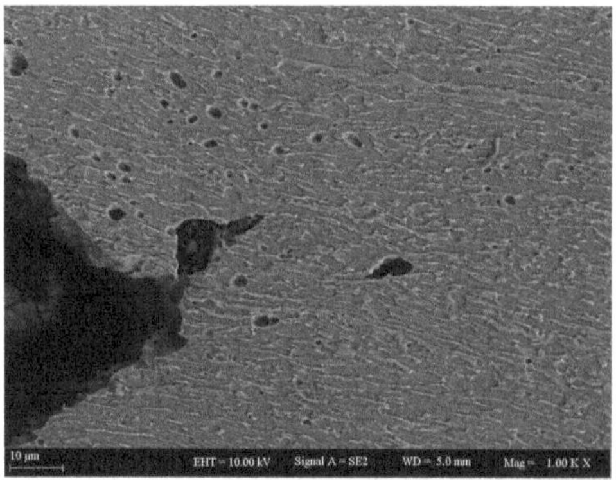

(a) 低倍形貌

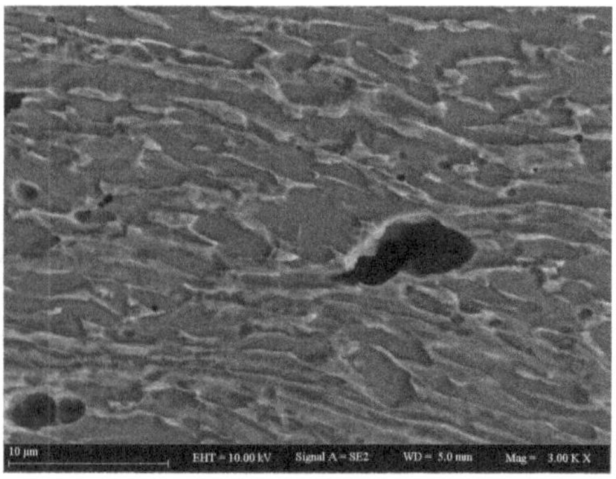

(b) 图(a)区域高倍形貌

图 4-12　热轧试样裂纹萌生特征

图 4-13 揭示了编号为 1#、2# 和 4# 的试样在冲击断裂现象下的表面结构特征。通过对

受损区域的细微和宏观视图进行详细比较，可以推断出这些样品的微裂纹起始点均位于 β 相晶粒之中。进一步分析裂纹的扩展路径发现其较为纷繁并且呈现出一定的曲折性。特别是样品边缘的区域，显示出片层结构的弯曲和剪切变形现象。

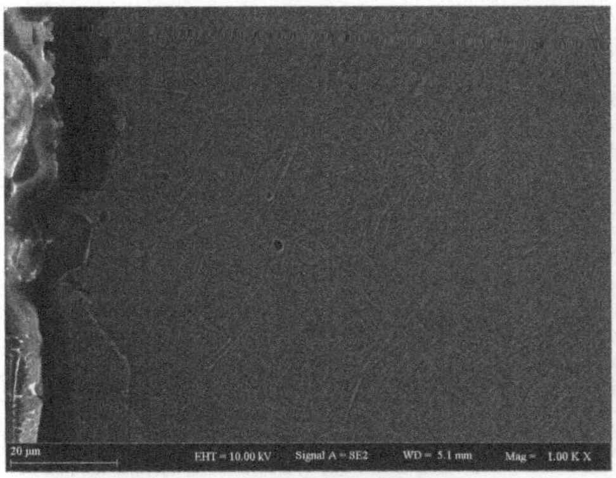

(a) 1#试样低倍形貌

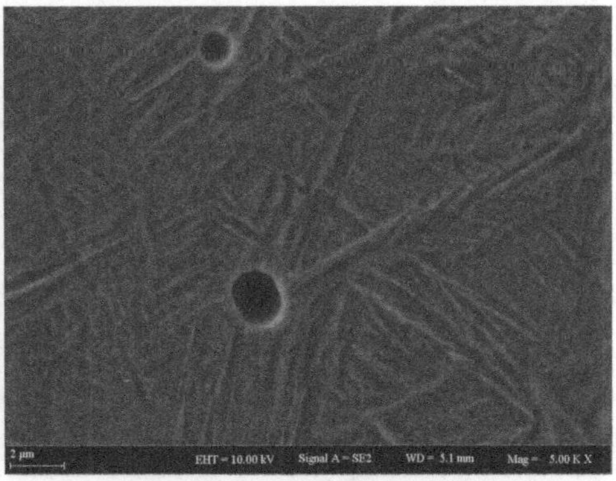

(b) 图(a)中相应区域高倍形貌

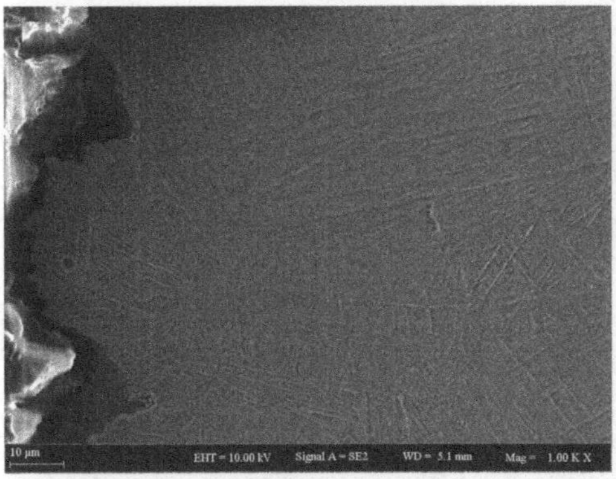

(c) 2#试样低倍形貌

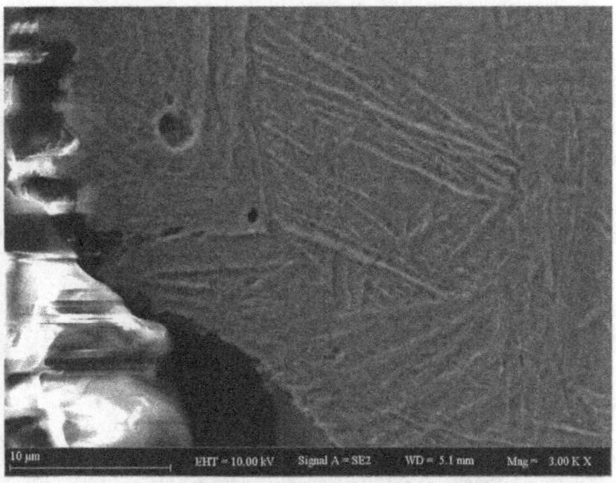

(d) 图(c)中相应区域高倍形貌

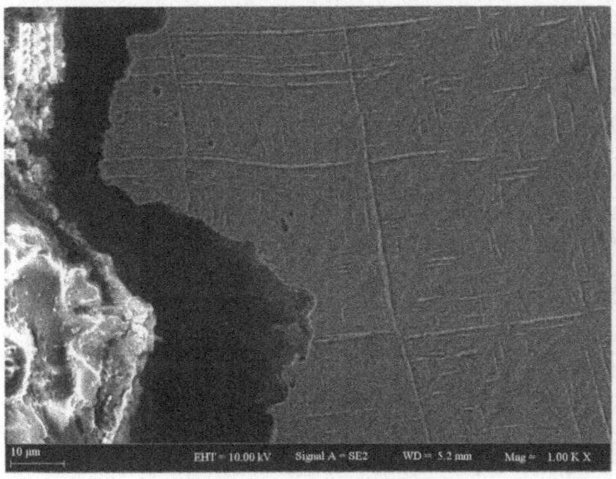

(e) 4#试样低倍形貌

(f) 图(e)中相应区域高倍形貌

图 4-13　1#、2# 和 4# 试样裂纹萌生区形貌

第 5 章 FLM 的裂纹萌生与扩展行为

5.1 引 言

金属材料在拉伸变形过程中，会经历从弹性变形到塑性变形的转变。随着塑性变形的累积，材料内部会逐渐产生微裂纹。这些微裂纹会随着变形的发展而逐渐汇聚、扩展，最终形成主裂纹，导致材料断裂。裂纹的萌生位置和扩展路径对材料的塑性性能至关重要。为了探究通过形成 FLM 实现优异塑性的机理，本研究利用配备原位拉伸台的扫描电镜，对退火试样 β 晶粒大小分别为 25 μm、43 μm、131 μm、375 μm 的试样进行了原位拉伸试验，并对各个试样的裂纹萌生和扩展过程进行了详细的表征和分析。基于试验结果，确定了不同试样裂纹萌生和扩展的具体模式，并建立了相应的理论模型。这项工作不仅加深了对材料裂纹行为的理解，也为后续研究 FLM 强化和增韧机制奠定了坚实基础。

5.2 退火板材的裂纹萌生与扩展行为

Ti-6Al-4V 钛合金经退火处理后板材的原位拉伸行为可以通过图 5-1 所示的应力-应变曲线来理解。初始阶段，应力随应变线性增加。随后，曲线进入平台区，应力变化不大。最终，应力达到峰值后迅速下降，预示着材料即将断裂。值得注意的是，当应变达到 0.26 时，应力已接近最大值，此时可以观察到裂纹萌生的迹象，如图 5-2 所示。分析表明，退火态 Ti-6Al-4V 钛合金中的微裂纹主要有两个来源：一部分裂纹起源于晶粒内部，如图 5-2(a)所示；另一部分则形成于晶界处，如图 5-2(b)所示。观察发现，晶内裂纹相对较少，这可能是因为它们在形成后很快扩展到表面。相比之下，晶界处更容易萌生裂纹。这可能是由于位错在运动过程中遇到晶界阻碍，导致应力集中，最终引发裂纹。

图 5-3(a)和(b)分别描绘了合金在拉伸应变达到 0.33 和 0.39 时微裂纹扩展的形态特征，对应于图 5-2(b)所示区域。分析结果表明，微裂纹在扩展过程中能够跨越晶界，并与相邻晶界上的裂纹发生相互连接。随着微裂纹的扩展，其周围逐渐形成明显的滑移带，同时微裂纹的数量也逐渐增多。值得注意的是，微裂纹的扩展路径倾向于与晶粒内部的滑移带保持平行，这种扩展方式有效降低了微裂纹扩展过程中的阻力。

图 5-4(a)清晰地展示了试样在拉伸应变达到 0.39 时宏观裂纹的萌生情况。可以看出，在试样上下表面附近区域，出现了大量的宏观裂纹。其中，上表面裂纹长度更为显著，且其延伸方向与应力轴方向成约 45°。图 5-4(b)则展示了试样拉伸至断裂状态下的宏观裂纹形貌。观察发现，位于试样上下表面附近的主裂纹均与应力轴方向成 45°。此外，这些主裂纹在扩展过程中几乎没有出现明显的路径偏移，这表明材料内部一旦萌生裂纹，就会迅速汇合

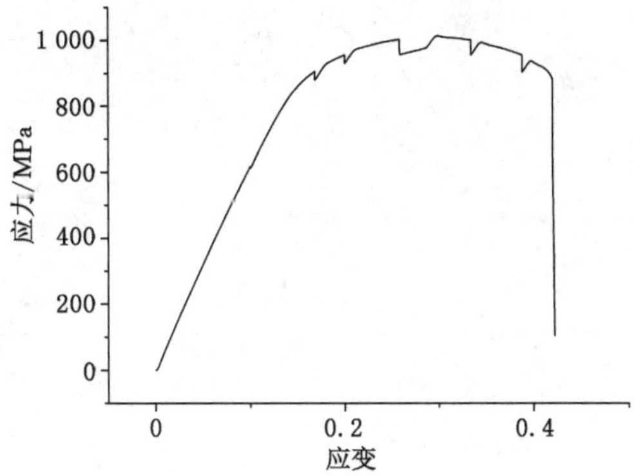

图 5-1　原位拉伸状态下退火态板材的应力-应变曲线

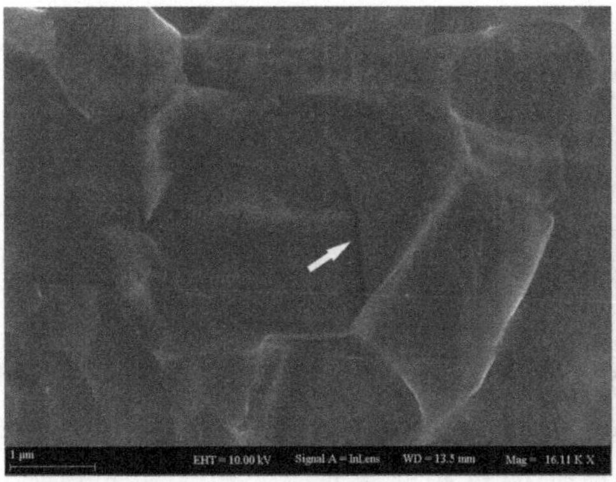

(a) 晶内

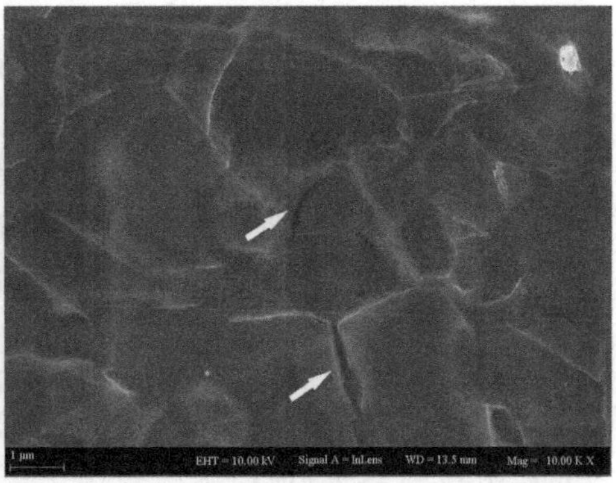

(b) 晶界

图 5-2　退火板材的微裂纹萌生位置

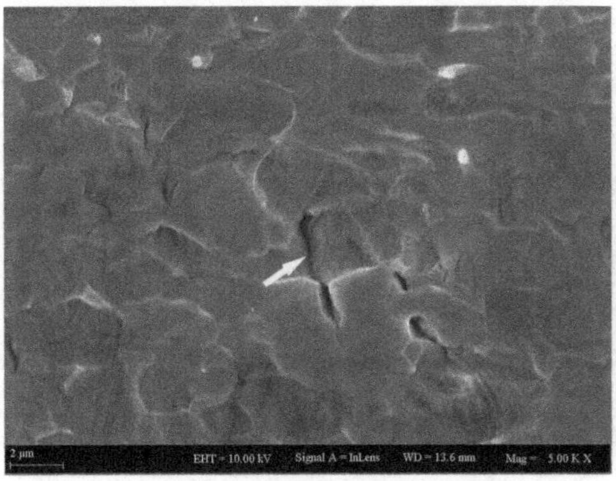

(a) 晶内扩展

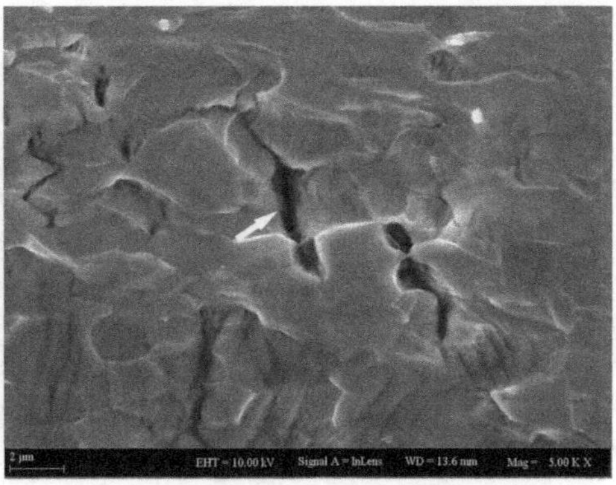

(b) 扩展过程中与旁边裂纹连接

图 5-3　退火板材的微裂纹扩展过程

并持续扩展，最终导致试样快速断裂。

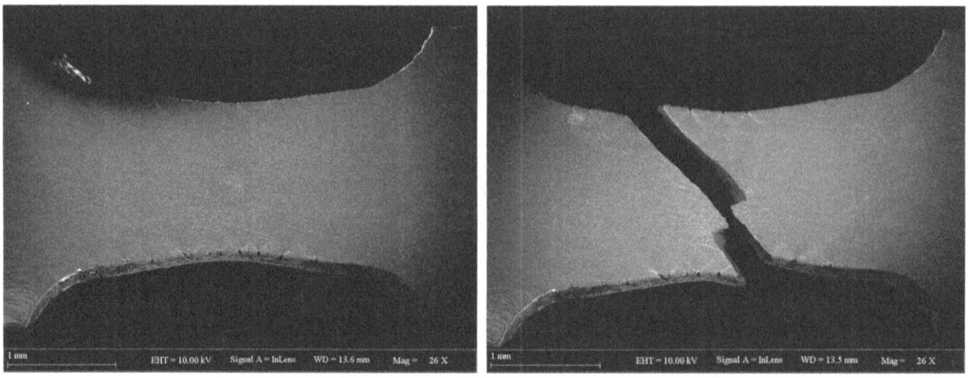

(a) 上下表面处萌生　　(b) 主裂纹路径偏移较小

图 5-4　退火板材主裂纹萌生与扩展过程

5.3　马氏体组织的裂纹萌生与扩展行为

图 5-5 所示为 β 晶粒大小分别为 25 μm、43 μm、131 μm、375 μm 试样的原位拉伸过程中的应力-应变曲线。分析曲线可知，β 晶粒大小为 25 μm、43 μm、131 μm 的试样在达到最大拉伸应力后，应力呈现缓慢下降的趋势，而 β 晶粒大小为 375 μm 的试样与之不同，在达到最大拉伸应力时即发生断裂。

当 β 晶粒大小为 25 μm 样品在拉伸应变达到 0.175 时，应力接近峰值，此时微观组织中出现大量贯穿多个片层的微剪切带，主要集中在 β 晶粒内部[图 5-6(a)]。当拉伸应变增至 0.215 时，应力达到最大值，微观组织中的微剪切带数量明显增多，部分演变为微裂纹[图 5-6(b)]。Chong 等[98]在研究 Ti-6Al-4V 钛合金双态组织拉伸变形时发现，转变后的 β 组织区域出现微剪切带，而初生 α 相区域未观察到类似现象。这表明，Ti-6Al-4V 钛合金中高密度片层区域更容易形成微剪切带。这是因为在塑性变形过程中，高密度、大角度的马氏体片层难以协调变形。微剪切带一旦形成，其片层承载能力会显著下降，容易引发微裂纹。

图 5-7(a)清晰地展示了当拉伸应变达到 0.45 时图 5-6 所示区域微裂纹扩展的显著特征。可以观察到，初始的微裂纹已经扩展成为贯穿 β 晶粒的长裂纹，其扩展方向与原有的微剪切带方向基本一致。为了更深入地分析微裂纹扩展的特性，笔者对靠近颈缩的区域进行了进一步观察，如图 5-7(b)、(c)、(d)所示，分别对应于拉伸应变为 0.28、0.35 和 0.475 的状态。当拉伸应变达到 0.28 时，β 晶粒内部出现了贯穿整个晶粒的裂纹，这些裂纹主要呈平行排列。当拉伸应变达到 0.35 时，裂纹仍然局限在 β 晶粒内部，但 β 晶粒发生了明显的拉伸变形，裂纹宽度也随之增加。当拉伸应变进一步增加到 0.475 时，裂纹宽度继续扩展，并且与初始状态相比，裂纹与拉伸轴方向的夹角发生了显著变化。此外，β 晶粒的拉伸变形更加剧烈，片层结构受到了严重的剪切作用，最终导致不同 β 晶粒内的裂纹相互连接。

图 5-8(a)展示了拉伸应变达到 0.45 时宏观裂纹的萌生特征。从图中可以清晰地看到，靠近上表面的区域出现了宏观裂纹，该裂纹在上表面处的长度较大，其走向与应力轴方向大致成 45°。图 5-8(b)则展示了样品拉伸至断裂状态下的宏观裂纹特征。可以观察到，主裂纹的扩展路径呈现出复杂的“Z”字形形态。此外，局部区域还出现了明显的颈缩现象，这表

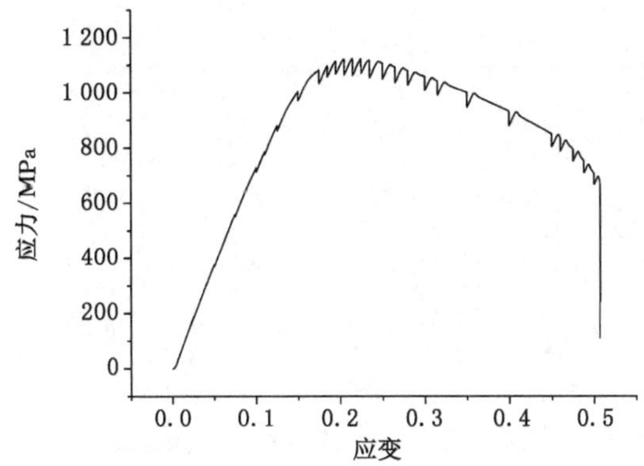

(a) 25 μm

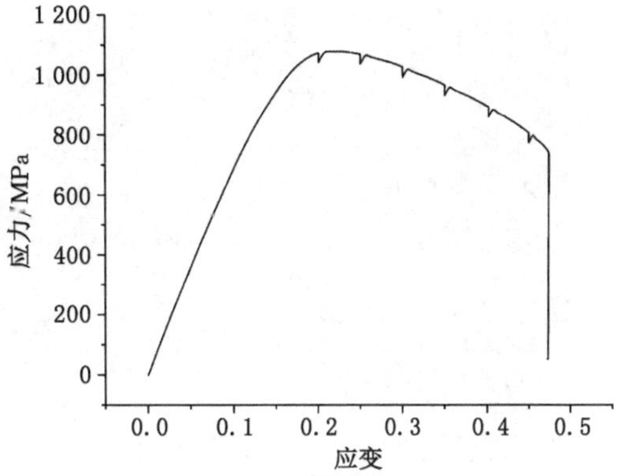

(b) 43 μm

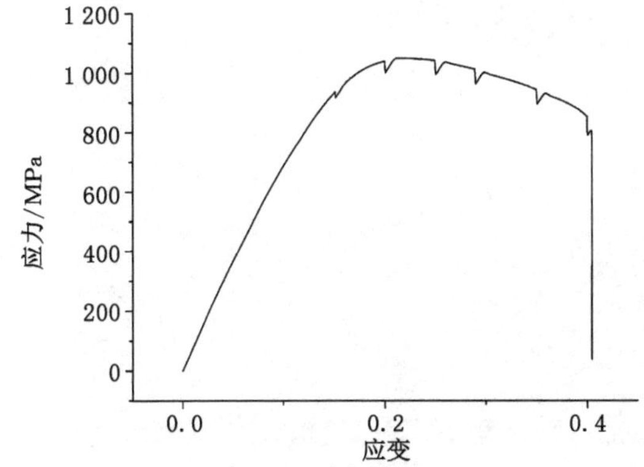

(c) 131 μm

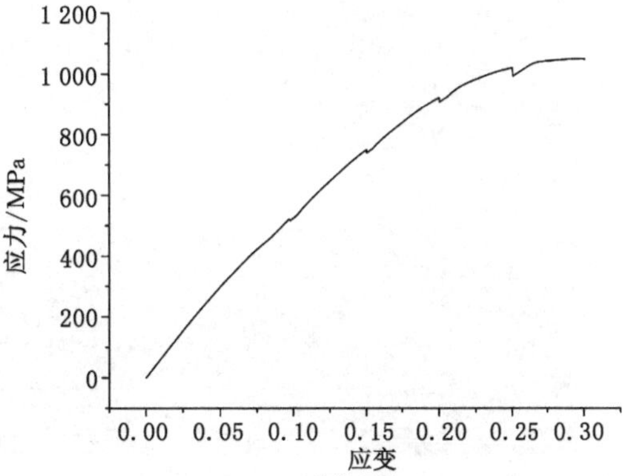

(d) 375 μm

图 5-5　试样原位拉伸过程中应力-应变曲线

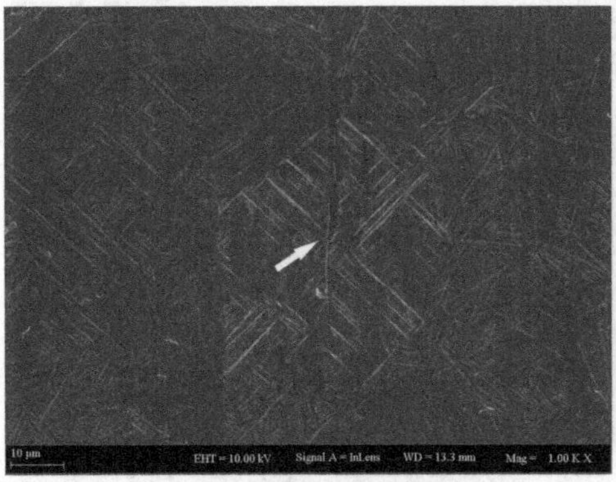
(a) β 晶内的剪切带形貌

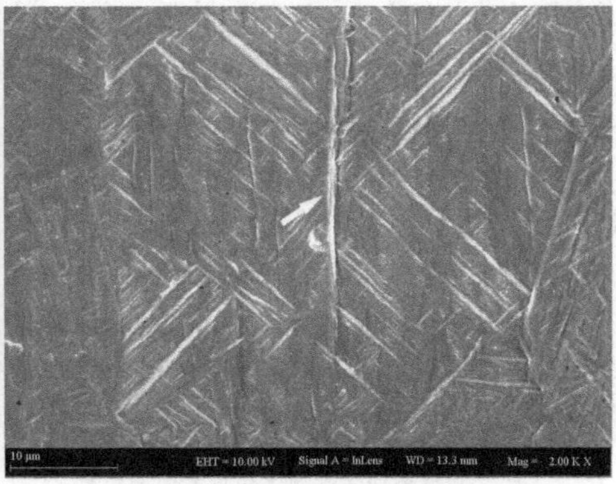
(b) β 晶内剪切带演化为微裂纹

图 5-6　β 晶粒大小为 25 μm 样品的微裂纹形态

明材料在裂纹萌生后的合并和扩展过程都比较缓慢。这种局部颈缩特征与由 DIC 方法获得的特征数据一致，进一步证实了相比于 Ti-6Al-4V 钛合金退火态的等轴组织，FLM 在抵抗剪切应力断裂方面具有显著优势。

β 晶粒大小为 25 μm 和 43 μm 样品的裂纹萌生行为具有相似性。当拉伸应变达到 0.2

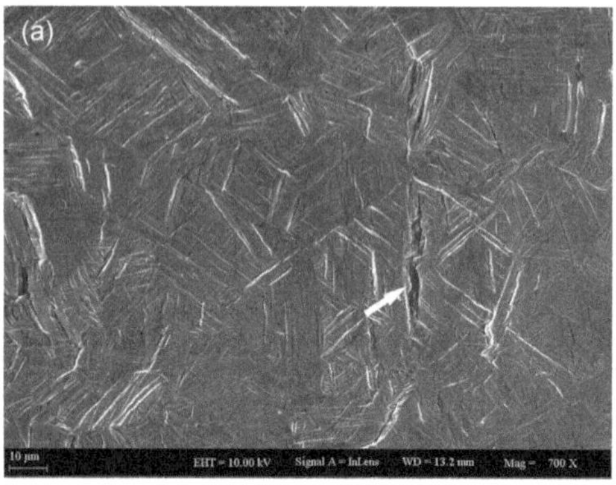

(a) 沿着微剪切带扩展

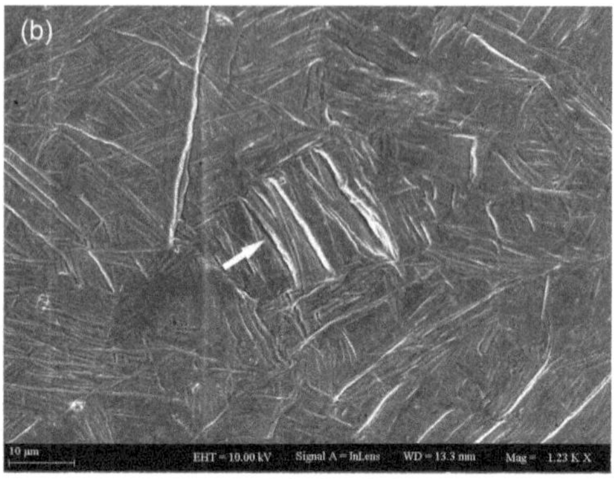

(b) 贯穿整个 β 晶粒

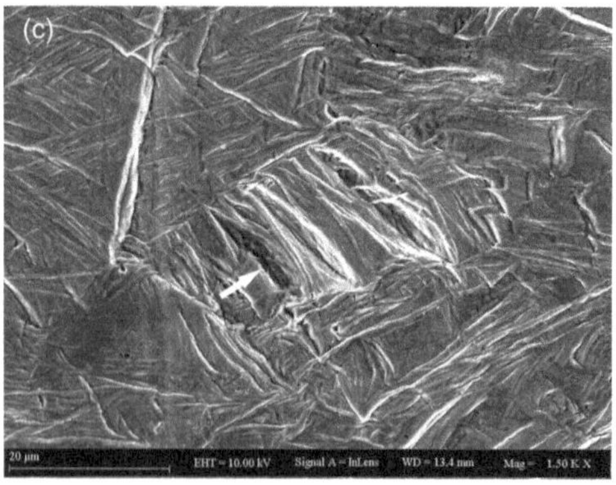

(c) 裂纹宽度逐渐增加

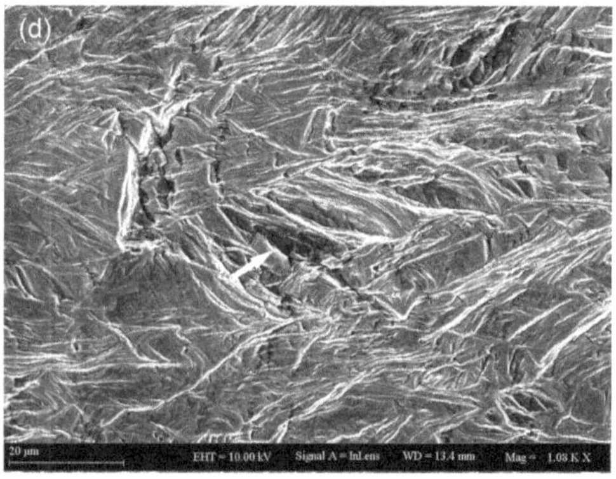

(d) 最终扩展至 β 晶界，并与周围 β 晶粒内部的裂纹相连接

图 5-7　β 晶粒大小为 25 μm 样品的微裂纹扩展过程特征

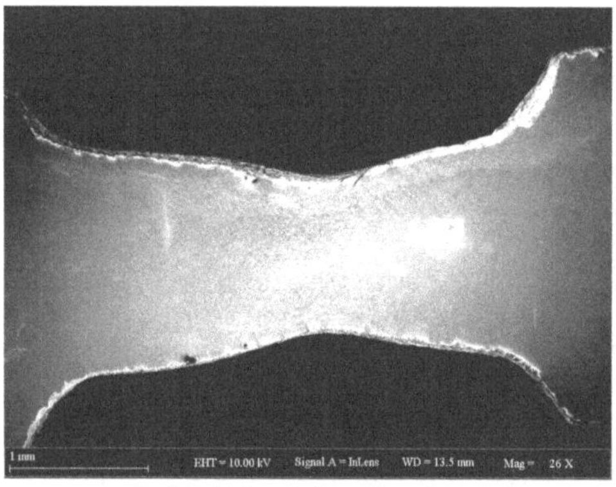

(a) 主裂纹倾向于起源于靠近表层的位置

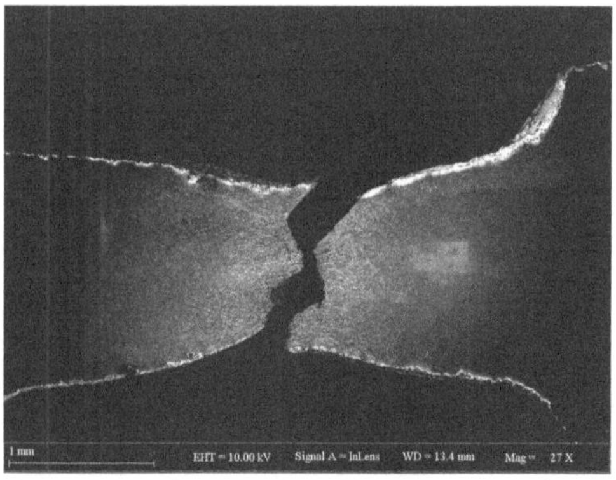

(b) 裂纹在扩展过程中呈现出蜿蜒曲折的形态

图 5-8　β 晶粒大小为 25 μm 样品主裂纹形态

时，应力-应变曲线表明材料即将达到最大承载能力。此时，微观组织中的 β 晶粒内部开始出现微剪切带，如图 5-9(a)所示。随着拉伸应变持续增大至 0.25，应力-应变曲线显示材料已略微超过其最大承载能力。与此同时，微观组织中的微剪切带逐渐演变为微裂纹，如图 5-9(b)所示。

图 5-9 所示区域的微裂纹扩展行为在图 5-10 中得到了展示。当拉伸应变达到 0.3 时[图 5-10(a)]，裂纹扩展模式与 β 晶粒大小为 25 μm 的试样相似。先前存在的微裂纹进一步扩展，贯穿 β 晶粒，形成长裂纹，其扩展方向与初始微剪切带一致。当拉伸应变达到 0.45 时[图 5-10(b)]，裂纹宽度显著增加，与初始形成阶段相比，裂纹与拉伸轴的夹角发生明显变化。此外，晶粒发生显著拉伸变形，片层结构经历剧烈剪切。值得注意的是，尽管发生了这些变化，β 晶粒内部的微裂纹尚未与相邻 β 晶粒内的微裂纹连接。

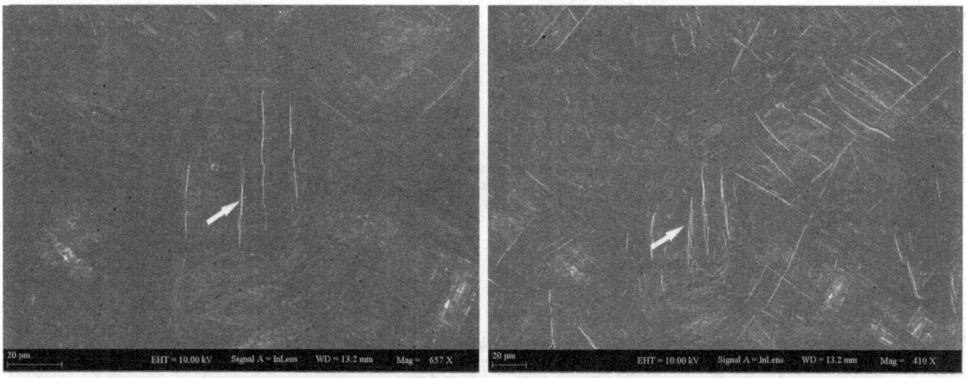

(a) β 晶粒内部形成微剪切带　　**(b) 微剪切带进一步发展演变成微裂纹**

图 5-9　β 晶粒大小为 43 μm 试样的微裂纹萌生图

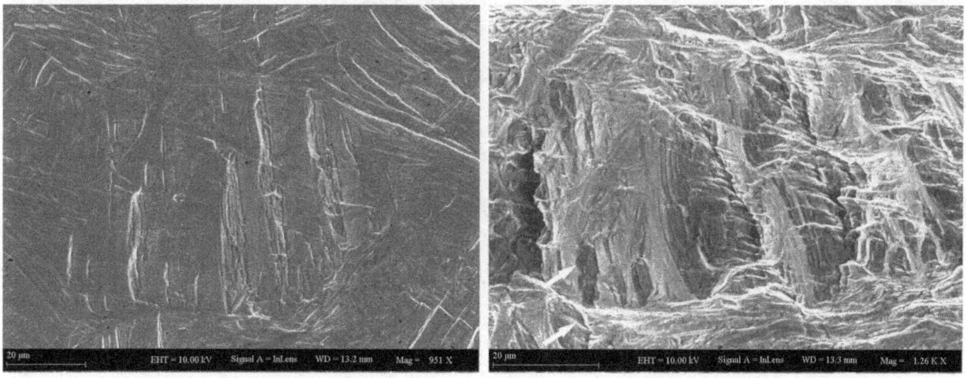

(a) 微观裂纹沿着初始剪切带延伸　　**(b) 最终抵达 β 晶界，并倾向于与周围 β 晶粒内的裂纹相互连接**

图 5-10　β 晶粒大小为 43 μm 试样的微观裂纹扩展路径

图 5-11(a)显示，当拉伸应变达到 0.45 时，材料即将断裂，但宏观上尚未出现明显的裂纹。图 5-11(b)展示了试样在拉伸断裂后的宏观裂纹形态。可以看出，主裂纹的扩展路径虽然曲折，但相较于 β 晶粒大小为 25 μm 试样，其弯折程度有所降低。此外，裂纹扩展区域还出现了明显的颈缩现象。这些现象表明，材料在裂纹萌生后，裂纹的合并和扩展过程相对缓慢。

图 5-12 清晰地展示了 β 晶粒大小为 131 μm 试样的微裂纹的萌生过程。当拉伸应变达到 0.25 的临界值时，应力-应变曲线显示此时应力超过峰值。与 β 晶粒大小为 25 μm 和 43 μm 的试样类似，该试样内部也存在大量由微剪切带演变而成的微裂纹，如图 5-12(a)所示。然而，当拉伸应变达到 0.35 时，该试样与前两者呈现出显著差异：在微观组织结构中观

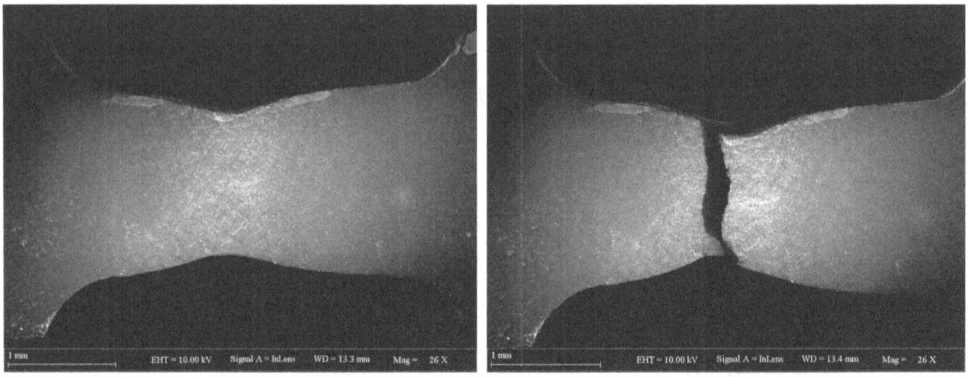

(a) 没有明显的初始裂纹产生　　(b) 主裂纹扩展路径弯曲

图 5-11　β 晶粒大小为 43 μm 试样的主裂纹扩展路径

察到了 β 晶界微裂纹的出现，如图 5-12(b)所示。这一现象表明，该区域裂纹的形成与 β 晶界应力释放困难密切相关。

(a) β 晶内微剪切带演化形成微裂纹　　(b) β 晶界处形成微裂纹

图 5-12　β 晶粒大小为 131 μm 试样的微裂纹萌生过程

为深入分析微裂纹扩展机制，笔者选取试样颈缩区域附近进行观察。图 5-13(a)、(b)、(c)分别对应于拉伸应变为 0.29、0.35 和 0.4 时的微观形貌。结果显示，当拉伸应变为 0.29 时，β 晶粒内部微裂纹沿初始微剪切带扩展。随着拉伸应变增至 0.35，裂纹扩展路径仍局限于 β 晶粒内部，但裂纹宽度有所增加。当拉伸应变达到 0.4 时，裂纹宽度持续增加，但其与拉伸轴方向的夹角变化不明显。此外，图 5-13(d)展示了与图 5-12(b)所示相同位置在拉伸应变为 0.4 时的 β 晶界裂纹扩展情况。可以看出，晶界裂纹宽度显著增加，但在相邻 β 晶界处受阻，裂纹尖端出现塑性变形区域。

试样在 0.4 的拉伸应变下，并未出现明显的宏观裂纹，但材料已接近失效状态，如图 5-14(a)所示，这与 β 晶粒大小为 43 μm 试样的情况类似。图 5-14(b)展示了试样在拉伸断裂过程中的宏观裂纹形态。可以看出，主裂纹的扩展路径虽然存在弯曲，但相比于 β 晶粒大小为 25 μm 的试样，其曲折程度有所降低。此外，在裂纹扩展过程中，部分区域还出现了明显的颈缩现象。这些现象表明，材料在裂纹萌生后的合并和扩展速度相对较慢。

β 晶粒大小为 375 μm 的试样在拉伸试验中的微裂纹萌生过程如图 5-15 所示。当拉伸

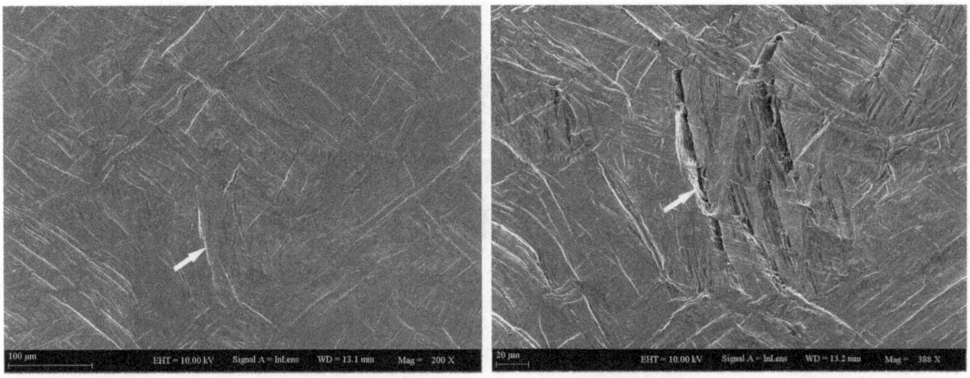

(a) 微裂纹沿着预先存在的微剪切带扩展　　(b) 微裂纹贯穿整个 β 晶粒，宽度逐渐扩展

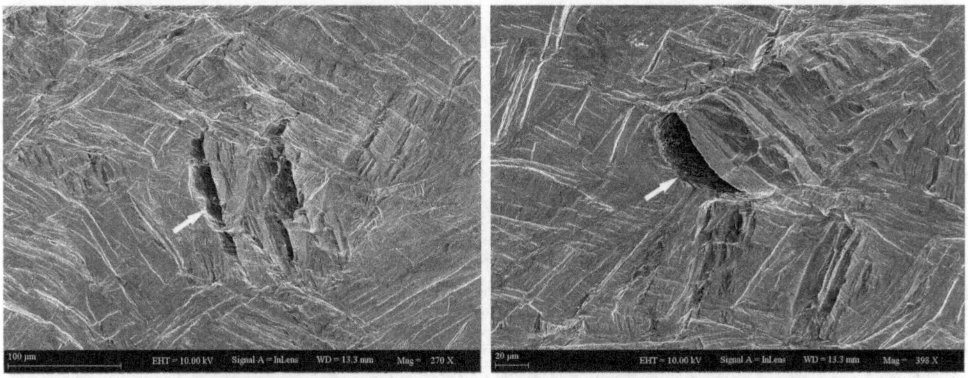

(c) 随着变形加剧，微裂纹持续扩展　　(d) β 晶界处的微裂纹演变为宏观裂纹

图 5-13　β 晶粒大小为 131 μm 试样的微裂纹扩展过程

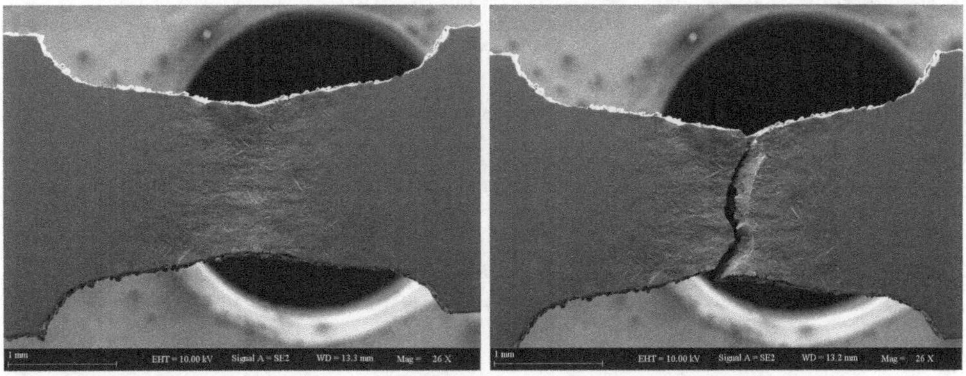

(a) 在接近断裂阶段材料未出现明显的初始主裂纹　　(b) 主裂纹扩展路径较为蜿蜒曲折

图 5-14　β 晶粒大小为 131 μm 试样的主裂纹萌生与扩展过程

应变达到 0.25 时，应力-应变曲线显示即将达到峰值，此时样品内部出现微剪切带[图 5-15(a)]。当拉伸应变达到 0.3 时，应力达到峰值，同时微观组织出现明显的微裂纹[图 5-15(b)]。该现象表明材料即将发生断裂，同时也说明了该样品抵抗裂纹扩展的能力较差。

鉴于 β 晶粒大小为 375 μm 试样的微裂纹扩展速度过快，难以通过原位观察手段有效

(a) 微剪切带在 β 晶内形成　　(b) β 晶内微剪切带演化形成微裂纹

图 5-15　β 晶粒大小为 375 μm 试样的微裂纹萌生过程

捕捉其扩展过程，为深入研究，对材料断裂处附近进行了更详细的观测。图 5-16 展示了该区域的微裂纹扩展情况。图 5-16(a)显示，微裂纹沿着原有的微剪切带扩展。而在靠近断裂处的另一区域[图 5-16(b)]，仅观察到少量微裂纹在微剪切带中形成并开始扩展。上述现象表明，这两个区域的变形过程存在显著差异。图 5-16(a)所示区域的变形更为充分，而图 5-16(b)所示区域的材料在断裂前未经历充分的塑性变形，最终导致断裂。

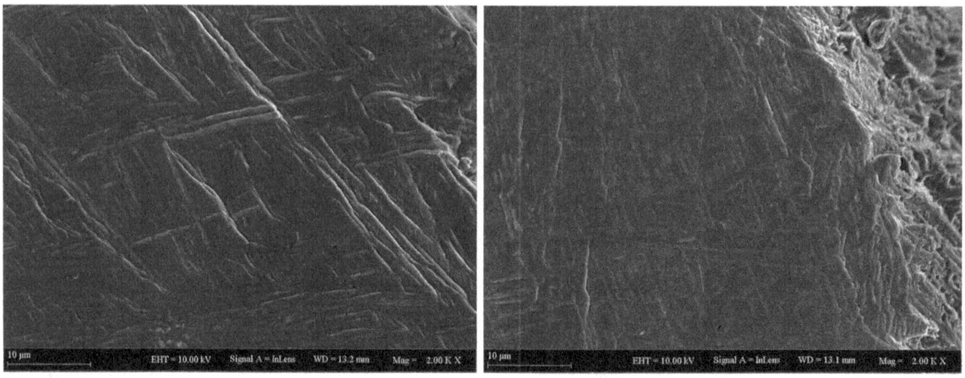

(a) 微裂纹沿着预先存在的微剪切带扩展　　(b) 一些微裂纹刚萌生于微剪切带并逐渐扩展

图 5-16　β 晶粒大小为 375 μm 试样的微裂纹扩展过程

图 5-17(a)所示为合金在 0.25 拉伸应变下的状态，此时尚未观察到明显的宏观裂纹，但材料已接近断裂。图 5-17(b)展示了样品拉伸断裂时的宏观裂纹形态。相比于前三个样品，该样品的主裂纹扩展路径偏折较小。此外，主裂纹附近，尤其是在样品上表面，出现了与拉伸轴成 45°角的二次裂纹。值得注意的是，材料在断裂前没有出现明显的颈缩现象，这表明裂纹萌生后迅速扩展导致材料的最终断裂。

通过对不同样品裂纹萌生和扩展行为的深入研究，可以得出以下结论：相比于等轴组织，片层马氏体组织的微裂纹萌生时间更早，但其对微裂纹扩展的抑制作用更强，在 β 晶粒尺寸为 25 μm 的试样中表现尤为突出。随着 β 晶粒尺寸的增大，样品的微裂纹扩展阻碍作用依次减弱，表明片层马氏体组织的微裂纹扩展与原始 β 晶粒尺寸密切相关。

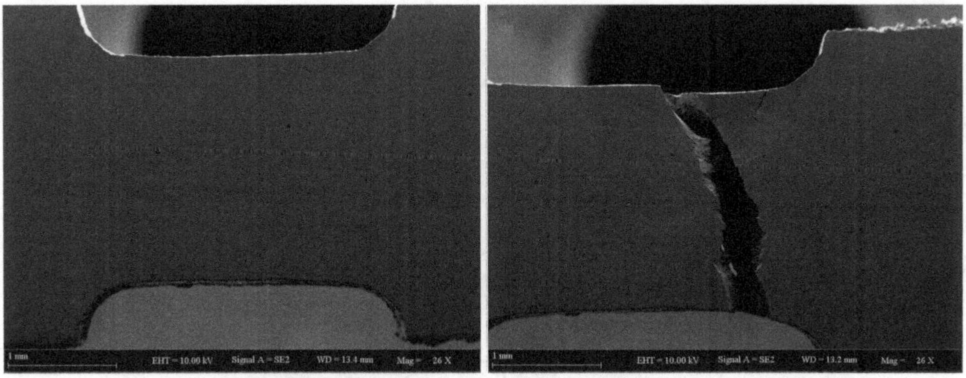

(a) 断裂前没有发现明显萌生的主裂纹　　(b) 主裂纹扩展方向出现较小偏折

图 5-17　β 晶粒大小为 375 μm 试样主裂纹萌生与扩展过程

如图 5-18 所示，细小 β 晶粒马氏体组织在塑性变形初期，由于马氏体片层之间存在大量大角度界面，微剪切带更容易形成。随着应变增加，位错在界面处堆积，形成应力集中，最终萌生微孔。这些微孔在剪切应力作用下，通过微剪切带连接，形成微裂纹。微裂纹扩展受到 β 晶界的阻碍，最终在主剪切应力作用下，跨晶粒连接。而对于较大 β 晶粒，微裂纹的萌生不仅发生在微剪切带，也出现在 β 晶界处。这是因为 β 晶粒尺寸增大导致晶界两侧片层协调变形困难，易于形成微裂纹。晶粒内部的微裂纹迅速扩展并合并，在晶界处产生高应力集中，最终突破晶界，沿着马氏体片层界面迅速扩展。观察这些样品的断裂现象发现，随着 β 晶粒尺寸的增大，试样表面裂纹数量逐渐减少。这是因为细小 β 晶粒对微裂纹扩展具有显著约束作用，促进微剪切带转化为微裂纹，微孔合并形成韧窝。而大晶粒约束作用较弱，微剪切带难以转化为微裂纹，微孔也无法有效合并，最终呈现局部塑性变形特征，如图 5-16(a)所示。

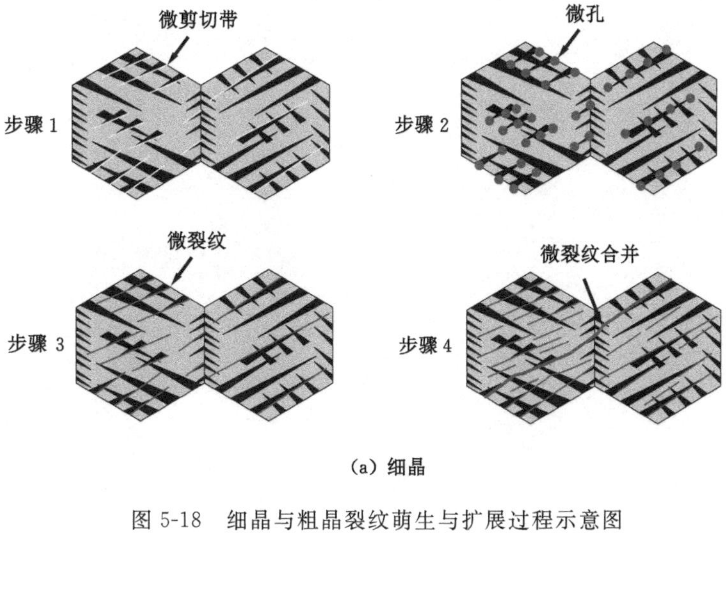

(a) 细晶

图 5-18　细晶与粗晶裂纹萌生与扩展过程示意图

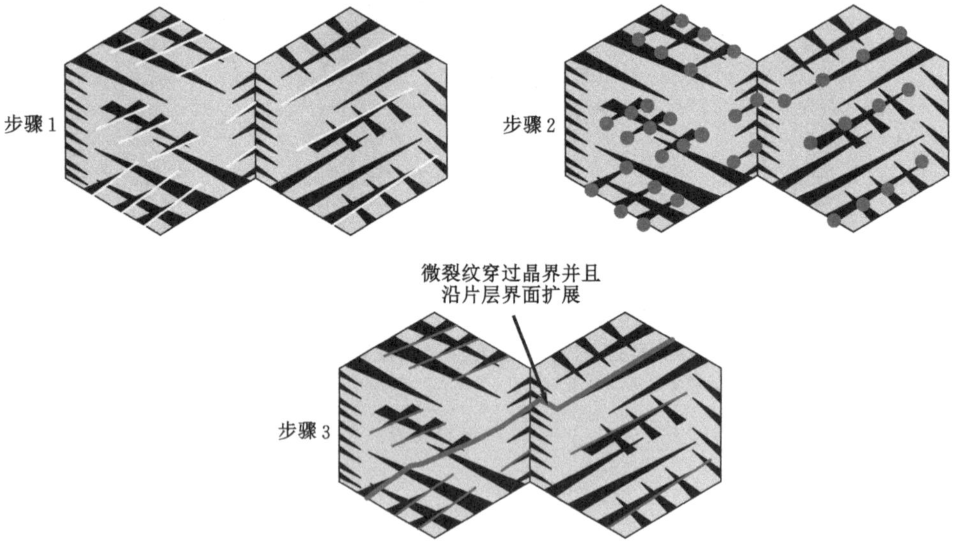

(b) 粗晶

图 5-18(续)

第 6 章　FLM 的强韧性协同提升原理

6.1　引　　言

热轧态和退火态的微观组织是 Ti-6Al-4V 钛合金中综合性能较好的组织。前述的研究表明，FLM 相比于热轧态以及退火态的组织，具有强韧性优势。因此，对 FLM 进行深入研究，探究其强韧性具有优势的相关原理，对于完善钛合金强韧化理论以及扩大钛合金的应用具有非常重要的参考意义。笔者着重对 FLM 变形前后的微观精细结构进行了详细的表征，在此基础上，结合现有的钛合金相关强韧化理论，揭示了 FLM 的强韧性协同提升的原理。

6.2　强塑化原理

6.2.1　强化原理

依据以上各类样品的拉伸性能数据能够确切知晓 FLM 呈现出最强的强度态势，其抗拉强度明显高于轧制态和退火态样品的。基于此，要深入研究其强化机制，对该组织展开更为细致的分析是极为关键的。通过对 FLM 精细结构的表征和分析，了解到该样品的强化效果是固溶强化、细晶强化以及位错强化等多种强化方式共同作用的结果，这些方式一起造就了其出色的拉伸强度性能。

在 Ti-6Al-4V 钛合金里，固溶强化机制体现为合金元素通过间隙或置换原子的形式融入钛金属基体的晶格构造，进而构成点状阻碍的异质原子。这些异质原子有力地阻挡了位错的滑移活动，由此达成对材料的强化功效[6]。固溶强化的关键微观机制在于异质原子间所产生的应力与点阵畸变，这些应力场相互间发生作用，形成弹性交互作用。位错在移动时，必须克服这种弹性交互作用力，才可继续其移动。就本试验中的 Ti-6Al-4V 钛合金来说，主要的合金成分是铝和钒，淬火态合金里的铝和钒超饱和地固溶在基体中，所以淬火态合金中铝和钒的含量大体上和合金中的实际含量相同。有文献报道了各种合金元素针对 α-钛的固溶强化机制，结果显示铝能够抑制柱面＜a＞位错的释放进而提升柱面层错能，同时推动基面＜a＞位错的释放从而降低基面层错能[99]。该作用等同于稳定非平面 1/3＜11$\bar{2}$0＞螺型位错核心的成效，进而增强了 α 钛合金的性能。同时，钒元素能够抑制柱面＜a＞位错的释放，并降低基面＜a＞、锥面＜a＞以及锥面＜c+a＞的层错能。钒元素对柱面螺型位错影响较小，故而其强化能力是有限的[99]。在所有的淬火态合金中，铝和钒都呈现出超饱和固溶体的状态，且它们对强度的贡献都源于固溶强化效应，其影响程度基本相当。

从以上各类样品的拉伸力学性能数据来看，随着 β 晶粒大小的增加，屈服强度整体上呈现出逐渐降低的态势，这一变化规律跟金属材料的细晶强化机制是相符的。不过，需要注意的是，β晶粒大小为 375 μm 样品的屈服强度相比于β晶粒大小为 43 μm 与 131 μm 的样品却稍有提高，此现象背后的原理还需进一步深入探讨。鉴于此，很有必要针对这几类样品展开更为细致的微观结构表述与分析。图 6-1 所示是β晶粒大小为 375 μm 样品的 TEM 形貌。由图 6-1(a)能够清楚地看到精细结构中存有大量平行的纳米级片层结构，这些片层结构贯穿了整个马氏体片层区域。对平行的片层区域进行相应的选区电子衍射并标识，如图 6-1(b)所示，显示该平行的片层结构是纳米尺度孪晶，孪晶类型为$(10\bar{1}1)$。这些纳米尺度的孪晶结构把原本的马氏体片层分割成了诸多微小的区域，在钛合金中，$(10\bar{1}1)$孪晶对应的轴角是 $61.35°/[1\bar{2}10]$[10]，由此可知该孪晶界属于大角度界面。这些孪晶能起到类似于普通大角度晶界对位错运动阻碍的作用，这种界面对位错的阻碍作用使得β晶粒大小为 375 μm 样品具备极高的屈服强度。然而通过 TEM 对β晶粒大小分别为 25 μm、43 μm、131 μm 样品中的精细微观结构进行表征，却并未在这些样品中观测到大量的孪晶结构。这种现象也与在各种淬火态的粗β晶钛合金中观测到大量的$(10\bar{1}1)$型纳米尺度孪晶是相符的[10]。对于其他样品来说，其原β晶粒尺寸与 25 μm 的相差不大，所以原β晶粒内部的马氏体片层粗细也相差无几。在这种情况下，这些样品的屈服强度也基本大致相当，这在一定程度上也证实了 FLM 的细晶强化作用。

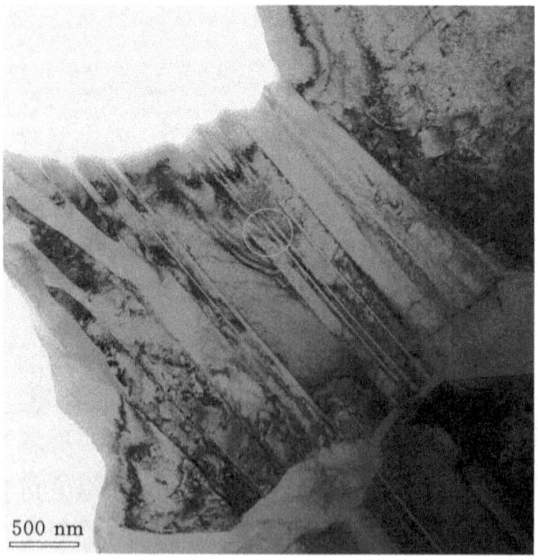

(a) 明场像

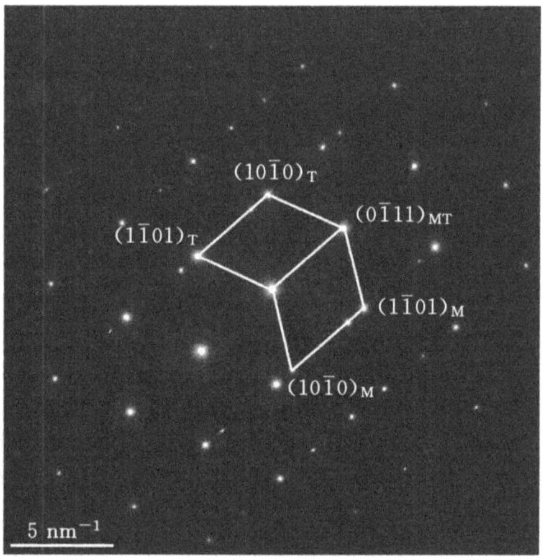

(b) 选区电子衍射花样

图 6-1　β晶粒大小为 375 μm 样品的微观形貌

位错作为金属材料中极为关键的一种缺陷形式，其形成多是由于相变以及塑性变形的出现。金属材料的强度性质，在很大程度上会被其内部位错的密度所左右。确切地说，一旦位错密度增大，位错间的相互作用便会明显增强，从而在位错运动时形成更大的阻碍。这种微观方面的改变，于宏观层面就体现为材料强度的增强。金属材料中位错对材料的强化效果可以通过下式来表示[100]：

$$\sigma_d = \alpha MGb\rho^{1/2} \tag{6-1}$$

式中，α 为常数项，M 为平均泰勒因子，G 为材料的剪切模量，b 为柏氏(伯格斯)矢量，而 ρ 则定义为材料的位错密度。针对本研究的合金而言，鉴于 α、M、G、b 均为固定值，因此，位错密度成为决定位错强化对材料强度贡献的唯一因素。在本试验中，淬火态合金中都含有诸多的位错[10]，而这些位错对于材料强度是有一定作用的。另外，通过对变形态微观组织展开详细的分析，已然确切地观察到，伴随变形程度的加大，位错的增殖能力，也就是位错密度值，也随之提升，进而从另一个方面给材料带来了强化作用。不过，需要留意的是，不同 β 晶粒大小样品的位错增殖能力有着明显的差别。具体来说，β 晶粒大小为 25 μm 样品在变形进程中呈现出了最强的位错增殖能力，所以，该样品具有最高的抗拉强度。

6.2.2　拉伸变形组织的精细结构

为了能更深入地知晓 β 晶粒大小为 25 μm 样品缘何呈现出杰出的强韧性匹配特质，特别是其塑性表现，所以针对经变形处置后的样品组织展开更为细致的微观组织观察与解析。图 6-2 呈现了 β 晶粒大小为 25 μm 样品拉伸至不同应变阶段时的微观组织。具体来讲，图 6-2(a)部分展示了合金在拉伸应变抵达 4%之际，借助 TEM 所观测到的精细结构形态。在该阶段，能够明晰地看到片层内部已有一定量的位错被激活，且呈现出位错缠绕的形态，如箭头所指区域那样。图 6-2(b)展示了图 6-2(a)所示区域(圆形区域)的选区电子衍射图。观察结果表明，衍射斑点呈较为分散的状态，不过和未发生变形的组织相比，这些衍射斑点呈现出拉长状的特点。此情况显示，在片层的变形过程中，其内部相邻片层之间的晶体取向差有所增大。图 6-2(c)展示了合金在拉伸应变达到 12%后的精细结构 TEM 图像，从中能够确切地观察到片层历经了显著的塑性变形。原本笔直的片层已明显弯曲，且黑色衬度区域相较于应变达到 4%时占有了更大的比例。另外，位错缠绕现象也更为严重，如箭头所指区域所示。图 6-2(d)则给出了图 6-2(c)中相应区域的选区电子衍射图，该图显示衍射斑点部分已相互连接构成环状结构，这一特征表明在变形过程中，片层内部产生了更多的晶体取向。经过对衍射花样的精准标定，辨认出了新的面心立方结构相中(220)面的衍射特性，这一发现支持了塑性变形会引发合金相变的结论。在图 6-2(e)中，展示了合金在拉伸应变达到 25%后的精细结构 TEM 图像，从中可以观察到片层经历了更为显著的变形，具体体现为严重的弯曲与剪切变形。此外，黑色衬度区域相较于应变达到 12%时占据了更大的比例，这进一步证实了在此阶段大量位错的激活。和应变达到 12%时相比，除了能观察到大量的位错缠绕现象外，还发现了位错胞结构的形成，如箭头所指区域所示。

图 6-3 所示为 β 晶粒大小是 131 μm 与 375 μm 的样品在拉伸变形时的 TEM 照片。具体来讲，在图 6-3(a)中，片层有着很明显的弯曲变形，并且图中箭头所指的区域存在诸多位错缠结，这确切表明了材料在断裂之前经历过显著的塑性变形。再对图 6-3(b)进行进一步观察，可知变形态组织的选区电子衍射花样呈现出被拉长的形态，这更进一步证实了塑性变形促使了位错的增多，从而形成了多样的晶体取向。同时也揭示出了微观组织中新生的面心立方结构相。从图 6-3(c)中能够看出，在变形态组织里，片层经历了一定程度的弯曲变形，且位错缠结结构依旧存在。进一步对图 6-3(d)进行观察，可以发现微观组织的选区电子衍射花样呈现出一定的拉长形态，不过，在此图中没能观测到面心立方结构相的衍射斑。

此前对 β 晶粒大小为 25 μm 试样的表征已然清晰表明了在变形态微观组织中新生成的面心立方结构相的存在。为了能更为深入地对此新形成的面心立方结构相的形貌特点予以表征和分析，运用高分辨透射电镜技术针对该特定区域实施了详尽的刻画。图 6-4(a)呈现出了一张 TEM 明场像图片，从中能够明确看到大量平行的纳米级薄片状构造，这些构造

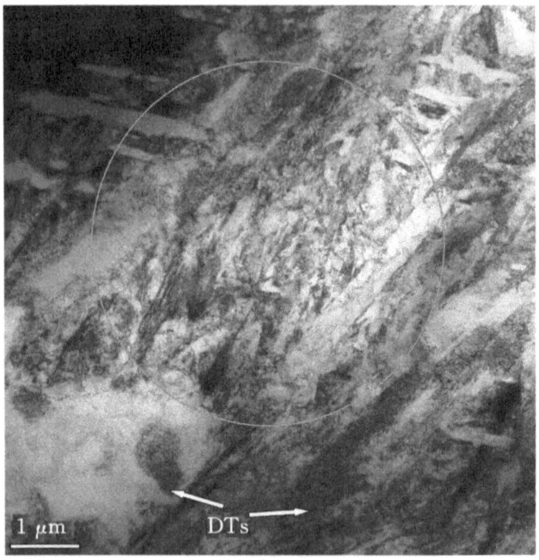

(a) 拉伸变形 4%

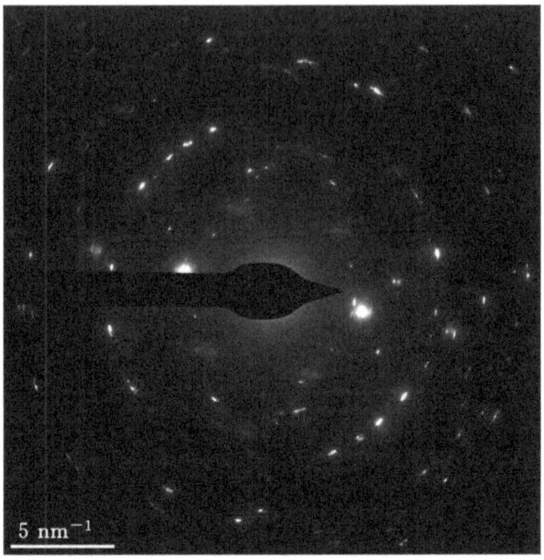

(b) 拉伸变形 4%(选区)

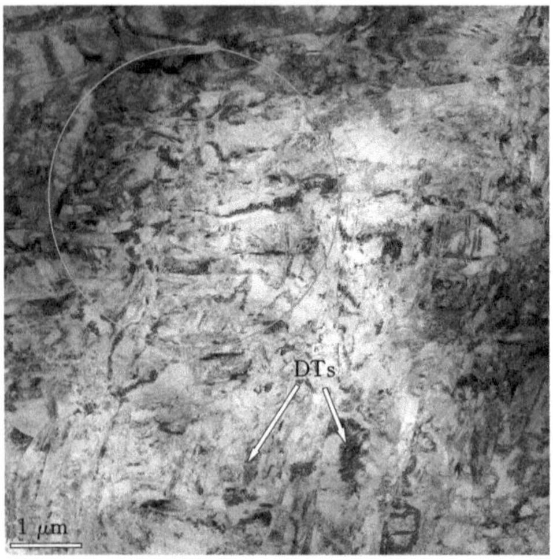

(c) 拉伸变形 12%

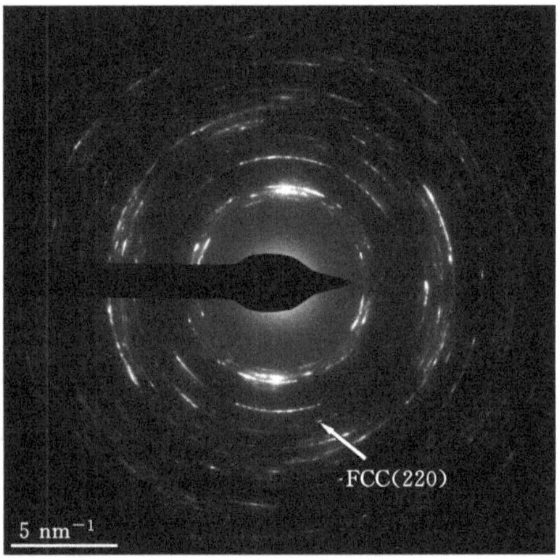

(d) 拉伸变形 12%(选区)

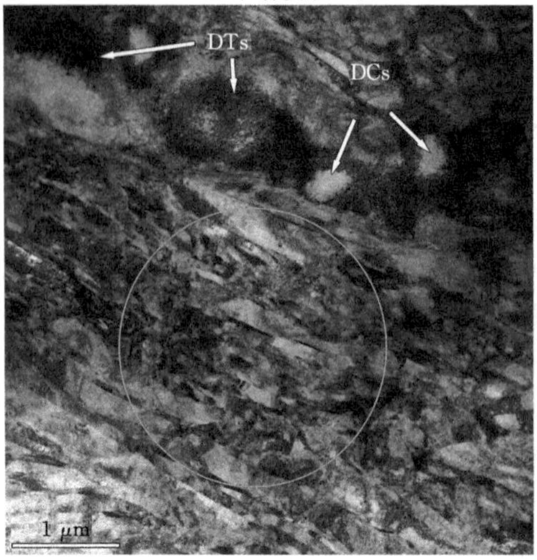

(e) 拉伸变形 25%

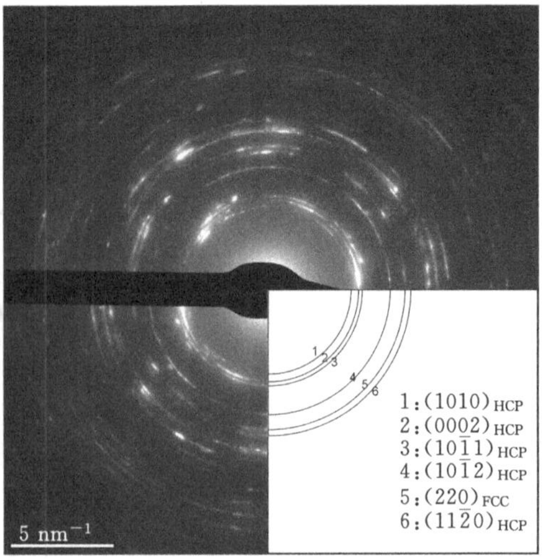

(f) 拉伸变形 25%(选区)

图 6-2　β 晶粒大小为 25 μm 试样拉伸变形中的 TEM 照片

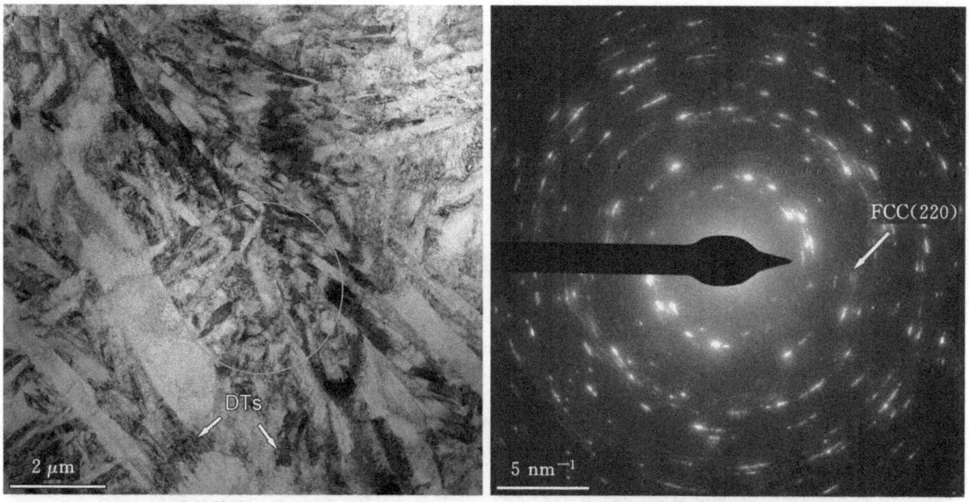

(a) β 晶粒大小为131 μm　　　　(b) β 晶粒大小为131 μm（选区）

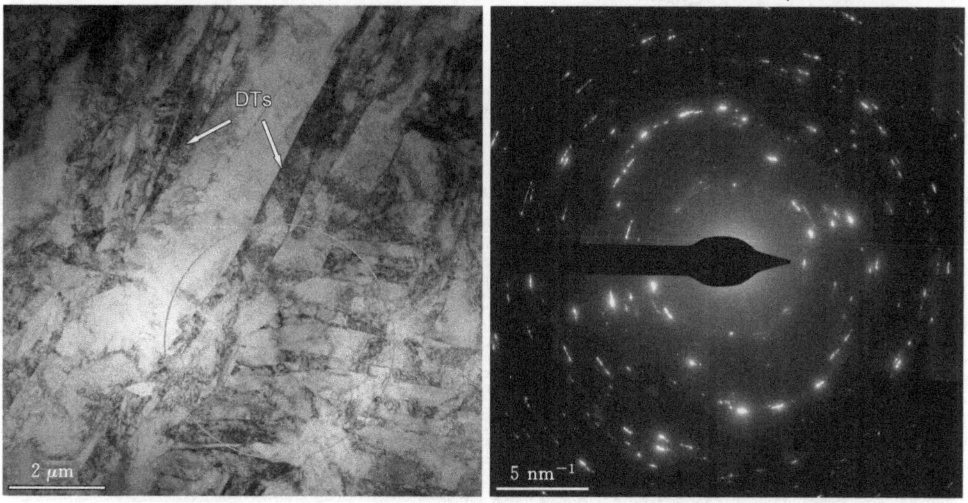

(c) β 晶粒大小为375 μm　　　　(d) β 晶粒大小为375 μm（选区）

图 6-3　样品拉伸变形以后 TEM 照片

的具体形态如箭头所指。图 6-4(b)展示了图 6-4(a)中方框区域的高分辨 TEM 照片，经过放大处理后，能够清晰看到整个区域左边存在 β 相，其晶带轴被确定为$[\bar{1}11]$。进一步对图 6-4(c)进行分析，该图展示了图(b)中白色框 C 区域的快速傅里叶变换结果，结果表明该区域是由 α'相、B 型面心立方结构相以及 P 型面心立方结构相共同组成的。这些相之间的晶体取向关系得到了确切验证，具体为：密排六方结构的(0002)晶面与 B 型面心立方结构$(11\bar{1})$晶面平行，且密排六方结构的＜$2\bar{1}\bar{1}0$＞方向与 B 型面心立方结构的＜011＞方向平行；同时，密排六方结构的$(01\bar{1}0)$晶面与 P 型面心立方结构的$(0\bar{1}1)$晶面平行，且密排六方结构的＜0002＞方向与 P 型面心立方结构的＜200＞方向平行。这两种取向关系与之前文献所报道的结果相符[43]。另外，图 6-4(d)展示了图 6-4(b)中白色框 D 区域的快速傅里叶变换结果，经标定确认，该区域呈现出面心立方结构相的纳米尺度孪晶状结构。

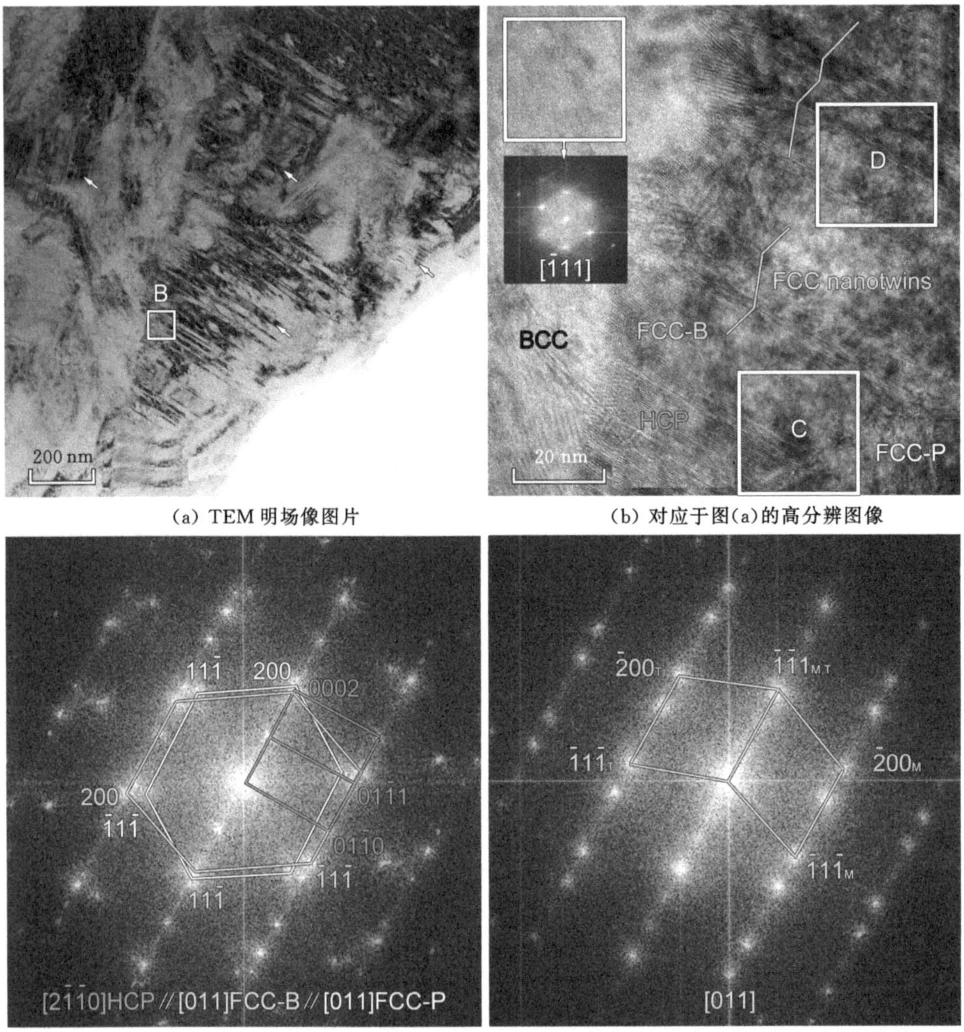

(a) TEM 明场像图片　(b) 对应于图(a)的高分辨图像

(c) 图(b)中相应方框中的快速傅里叶变换结果(一)　(d) 图(b)中相应方框中的快速傅里叶变换结果(二)

图 6-4　β 晶粒大小为 25 μm 样品变形态精细结构

6.2.3　位错随应变增殖提高对合金塑性的影响

通过对以上各样品拉伸性能数据的分析能够确切知晓，β 晶粒大小为 25 μm 样品呈现出最为卓越的塑性特质，其延伸率已然明显高于轧制态以及退火态样品。另外在Ti-6Al-4V钛合金里，通常经由传统形变结合热处理工艺所获得塑性最佳的是等轴与双态组织，这两种组织的塑性一般能够达到 7%～20%[101-104]。很显然，β 晶粒大小为 25 μm 样品所表现出的卓越塑性主要源于其优异的集中塑性变形能力。通过对该样品开展的原位拉伸变形试验结果进行剖析可知，其集中塑性变形能力和 β 晶粒的大小密切相关。确切地说，该样品的 β 晶粒尺寸是最小的。这一特性极大地增强了其阻碍裂纹扩展的能力。在这种情况下，材料内部的位错等缺陷仍然处在活跃状态，这些缺陷的动态表现对材料的塑性性能有着极为关键的影响。所以，为了能更全面地明晰该样品优异塑性的内在机理，有必要针对变形态组织展开更为深入细致的分析与研究。

基于对 β 晶粒大小为 25 μm 样品在变形进程中微观组织变化的深入剖析，能够清晰地发现，伴随变形的逐步增大，片层内部的位错数量显著增多。显然，材料优异的塑性与这种组织的位错硬化机制紧密相关。事实上，在变形过程中不断出现的位错包含两类：统计存储位错及几何必需位错。一旦微观组织中产生应变不协调，几何必需位错就被迫产生以协调塑性变形，故而，几何必需位错的增加有益于提升位错硬化作用[105-106]。Xu 等[107]指出，片层的粗细和软硬均有区别。对于马氏体片层，一次马氏体片层的厚度处于微米量级，而二次马氏体片层的厚度则在数十纳米至几百纳米范围，这一差异致使一次粗片层马氏体相较于二次细片层马氏体呈现出较低的硬度，即比后者“软”。在塑性变形过程中，位错首先在一次粗片层中激活，而相邻的二次片层则保持弹性状态。在此情况下，位错无法从“软”片层有效传递至“硬”片层，从而在两者之间产生了塑性应变的不协调。随着应变的增加，这种不协调愈发明显，导致在两者界面处形成应变梯度，进而引发几何必需位错的产生与滑移，以协调这一应变梯度[108]。此外，“软”与“硬”片层间存在的应变不兼容性，在单轴拉伸应力作用下，能够促使局部区域形成复杂的三维应力状态。通过调整应力状态，可以有效提高位错密度，并激活更多相互作用的滑移系[109]。

采用双光束条件分析揭示了片层内滑移系的类型，如图 6-5 所示。图 6-5(a)的明场像显示，在 **g** 矢量[衍射斑点(倒易点)两点间的矢量]为 0002 时，观察到 c 型位错呈现为黑色衬度。图 6-5(b)展示了一幅暗场像，其中所采用的 **g** 矢量方向设定为 $10\bar{1}0$ 方向。从该图像中可以明确看到，a 类型的位错呈现为白色衬度。通过对比图 6-5(a)与图 6-5(b)中相同位置显示的位错，可确认这些共同出现的位错为＜c＋a＞型位错。图像中，位错线呈现出与(0002)平面及($10\bar{1}0$)平面平行的特征，分别属于基面＜a＞滑移系与柱面＜a＞滑移系。进一步分析表明，在该组织的变形过程中，大量＜c＋a＞型、＜a＞型及＜c＞型位错被激活。值得注意的是，＜c＋a＞型位错滑移系在密排六方结构的钛中，是所需临界分切应力最高的一组滑移系[109]。通过＜c＋a＞型位错的滑移，片层内沿 *c* 轴方向的塑性应变得以有效协调，进而引发显著的位错硬化效应，从而提升了材料的塑性性能。这种位错硬化效应与在多尺度晶粒结构或者梯度结构中发现的位错硬化效应类似[83,105,110]。该片层状异质马氏体组织还具备其他一些关键因素，这些因素共同促进了其高位错硬化特性的形成。具体来说，这些关键因素包括：① 整体呈现出的全片层形态结构；② 片层与片层之间的大角度晶界；③ 片层内部富含的铝与钒元素；④ 片层所展现出的极为精细的微观结构。首先，根据现有文献报道，与等轴结构相比，片层结构位错硬化的程度明显更大[111]。其次，之前的报道已经证明，在超细晶中的较大占比的大角度界面可以显著提升位错硬化效果[112]。由于片层与片层之间的界面属于大角度界面[10]，因此，片层中高密度的大角度界面能够有效阻碍现有位错滑移，导致位错缠结以及位错在界面处的积累，位错硬化能力能够被显著增强。最后，有研究表明钛合金中的两种固溶元素，即铝和钒能够有效促进基面滑移的开启[99]。Ti-6Al-4V钛合金 α′相的本质为一种过饱和固溶体，其中富含过量的铝和钒元素，这促使了基面滑移系的大规模激活，进而加速了位错的增殖过程。

此外，需要注意的是，在 β 相向 α′相转变形成片层组织的过程中，采用了氦气冷却技术，该冷却方式具有极高的速率，因此，所生成的片层结构总体上呈现出极为细小的特征。由于钛作为一种高层错能金属材料，其晶粒尺度在极小的状态下，孪晶的生成极为困难，所以，在这种情况下，孪晶的产生几乎是不可能的[26]。经过全面且详细的 TEM 观测，几乎没有发

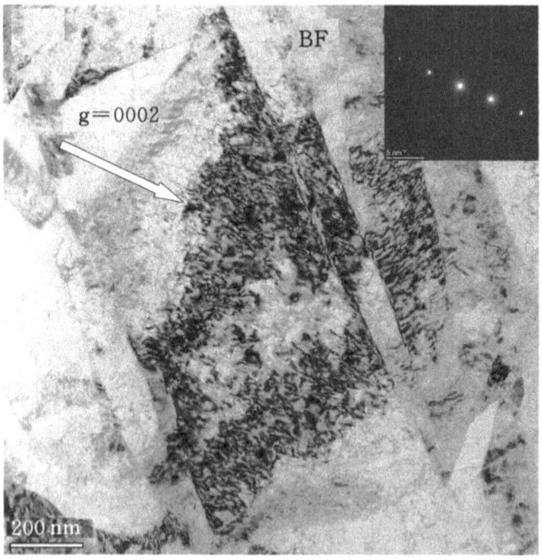

(a) g 矢量为 0002 时的明场像

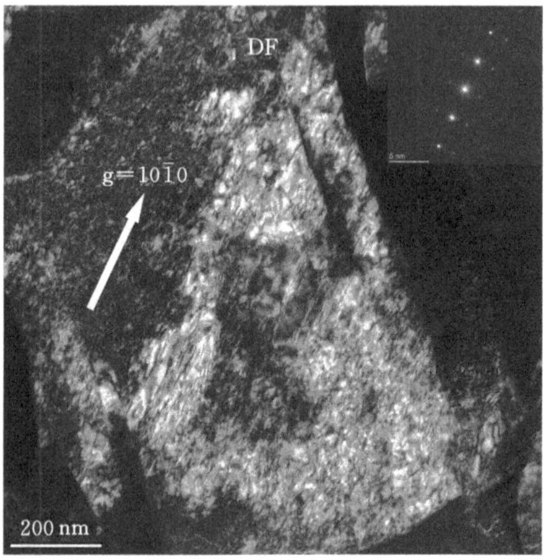

(b) g 矢量为 10$\bar{1}$0 时的暗场像

图 6-5　片层内激活位错形态

现孪晶的存在。在缺乏孪晶的条件下，片层内阻碍位错运动的障碍相应减少，这有利于激活大量可移动的位错，进而有助于提升位错硬化的效果。

进一步探究中，在使 β 晶粒大小为 25 μm 样品变形期间，确切观察到了位错缠结和位错胞的形态。这些特点伴随应变的逐步递增，展现出明显的增殖态势。需特别提及的是，位错胞具有独特的胞内低错位密度特性，此特性给位错滑移运动提供了极为充足的空间。具体来说，胞内位错的平均滑移距离近乎等于位错胞的直径，这种短程位错滑移机制对于局部塑性的有效钝化功效明显，进而增强了材料的塑性表现。另外，高密度的位错缠结与位错胞结构在材料中起到了显著阻碍位错滑移的效用，从而推动了材料强度的提升。

总之，高浓度的位错缠结与位错胞对于材料强度和塑性的贡献和细晶强化作用颇为相似。这种同步提升材料强度与塑性的机制，与近期在 3D 打印 Ti-6Al-4V 钛合金变形时所观察到的现象高度吻合：在变形进程中，β 组织发生转变后，形成了众多的位错胞结构，由此赋予了该合金卓越的强塑性匹配关系[113]。值得重点指出的是，位错硬化机制所引发的位错持续增殖情况，为后续合金中大量面心立方结构相的形成创造了极为有利的条件。

对于 β 晶粒大小为 131 μm 的样品而言，在其变形期间，被激活的位错数量相较于 β 晶粒大小为 25 μm 的样品有明显减少，且仅能形成数量有限的面心立方结构相。至于 β 晶粒大小为 375 μm 的样品，其被激活的位错数量进一步少于 β 晶粒大小为 131 μm 样品的，并且在变形过程中，并未观察到有面心立方结构相形成。这些变形特征的结果确切表明了材料的位错硬化能力会随着 β 晶粒尺寸的变大而逐步降低。具体来说，随着原始 β 晶粒的增大，其晶界对裂纹扩展的阻挡作用明显减弱，致使片层与片层之间无法充分实现进一步的塑性变形。另外，一次马氏体片层和二次马氏体片层的尺寸都呈现出增大的态势，其中部分一次马氏体片层的尺寸甚至达到了几微米，而部分二次马氏体片层的尺寸也达到了几百纳米甚至以上。这些变化都对材料的力学性能有着重要影响。换句话说，在微米尺度的马氏体片层与超细二次马氏体片层之间，其界面总量会随着 β 晶粒尺寸的增加而相应减少。在材料发生变形时，激活的几何必需位错的总量也会随着 β 晶粒的增大而有所降低，这种变化进而致使位错硬化能力变弱。所以，和其他样品相比，β 晶粒大小为 25 μm 的样品呈现出了最优的塑性性能。

6.2.4　形变诱发两类面心立方结构相转变对于合金的塑性提升

在以往的研究中已经证明，形变孪晶作为与位错滑移同等重要的一种变形模式，能够对 α 钛合金的塑性变形过程产生显著影响。在 α 钛合金中，主要的孪晶类型涵盖 $\{11\bar{2}2\}$、$\{10\bar{1}1\}$、$\{10\bar{1}2\}$ 以及 $\{11\bar{2}1\}$[31]。此前的报道指出，α′马氏体织构类型可用欧拉角表述为 {90°，90°，0°}[10]，在(0002)极图中，基面的极点清晰地指向轧制方向。本试验对样品宏观织构进行了细致测试，结果表明，在轧制方向的反极图内，试验样品确实呈现出一种较弱的织构特征，其中轧制方向明确与晶体的 $\langle 0001 \rangle$ 方向呈平行关系。在此种情况下，存在大量的片层，它们沿 c 轴方向受到拉伸作用，同时在垂直于柱面方向承受压缩作用。故而，$\{11\bar{2}1\}$ 和 $\{10\bar{1}2\}$ 这两种孪晶易于被激活，致使 c 轴方向产生拉伸应变，此时这两种孪晶可有效协调 c 轴方向的塑性变形。然而，在本研究中，通过大量的 TEM 表征与分析，在微观组织里并未发现许多 $\{11\bar{2}1\}$ 和 $\{10\bar{1}2\}$ 孪晶或者其他种类的孪晶，反而在微观组织中观察到了面心立方结构的新相。这些面心立方结构新相的激活对材料塑性变形的有效协调起着关键作用。

有研究显示，在 Ti-6Al-4V 钛合金中，通过大塑性变形可以引入面心立方结构相。这些大塑性变形方法包括高能表面喷丸[65]、高压扭转[61]、超声表面滚压[18]等。因此，可以推测，要在该 Ti-6Al-4V 钛合金中诱发面心立方结构相的转变，需要施加足够的塑性变形。在本研究中，观察到在变形初期位错增殖现象显著，这一现象直接导致了位错硬化的出现，并进一步引发了较大的塑性变形。因此，位错硬化为后续面心立方结构相的形成提供了有利条件。本研究证实，面心立方结构相的转变可以通过两种方式协同改善 Ti-6Al-4V 钛合金的塑性变形特性。具体而言，第一种方式是调节 α′相在 c 轴方向上的塑性应变，从而增强合金整体的塑性变形能力。为证明此效应，研究者依据先前所表征的 α′相与新生成的面心立方结构相之间的晶体取向关系，通过高分辨率 TEM 精确测量了两相的低指数晶面的间距，并在图 6-6 中进行了展示。

针对 B 类相变，如图 6-6(a)所示，由于 α′相的 c 轴方向与面心立方结构相的 $\langle 11\bar{1} \rangle$ 方向平行，测得相变后 c 轴方向的晶格膨胀达 6.18%。而在 P 类相变方面，图 6-6(b)清晰显示 α′相的 c 轴方向与面心立方结构相的 $\langle 100 \rangle$ 方向平行，通过精准测量该方向上的晶面间距发现，c 轴方向经历了 8.10%的显著收缩。尽管合金在拉伸过程中未发生孪生变形，但面心立方结构相的转变仍能有效调节材料 c 轴的塑性变形。这种受控的塑性变形效果与 α 钛合金中的 $\{10\bar{1}1\}$ $\langle 10\bar{1}\bar{2} \rangle$ 以及 $\{10\bar{1}2\}$ $\langle \bar{1}011 \rangle$ 孪晶相似，因此合金可以通过这两种面心立方结构相的转变机制，有效协调整体塑性变形，提高其变形能力。

此外，合金中残余 β 相与 α′相之间的不兼容应变也能够通过特定方式进行调和。通过 TEM 的广泛观察与表征，确认变形样品中残余 β 相周围确实存在 B 类面心立方结构相。这一结果进一步支持了 β 相周围面心立方结构相的形成与 β 相本身相互关联的结论。

先前的研究中已明确提出，在双相钛合金中，最大的不兼容应变和应力不协调性主要来自 α 相与 β 相之间的界面，该界面因其独特物理特性，成为阻碍位错滑移的强烈屏障。在位错滑移过程中，位错在此界面处极易堆积，引发显著的应力集中现象[114]。在本研究中，α′相

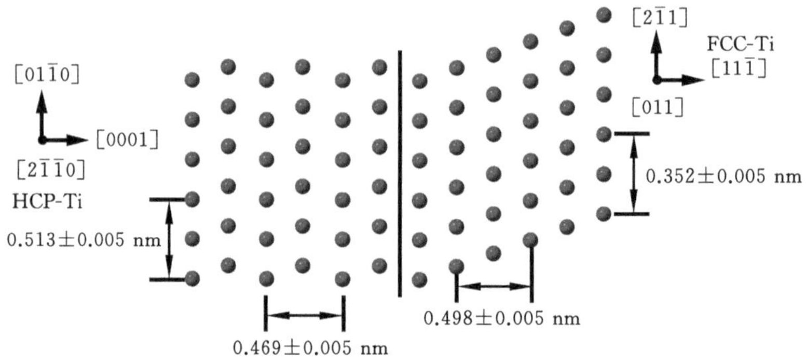

(a) B类

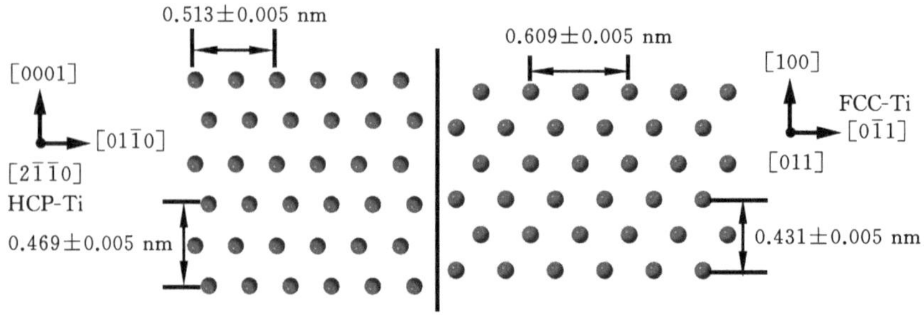

(b) P类

图 6-6　B类与P类面心立方结构相与密排六方结构相的晶面间距测量结果

与β相之间的应力集中现象可通过面心立方结构相的转变机制有效缓解。图 6-7(a)所示为经过拉伸变形处理的样品的高分辨率 TEM 图像，左侧区域为残余β相晶粒，右侧区域则为面心立方结构的孪晶形态。图 6-7(b)与图 6-7(c)分别展示了图 6-7(a)中标注"B"与"C"区域的反傅里叶变换结果。图 6-7(b)和图 6-7(c)中，位错以圆圈标示出来。可以看出，靠近残余β相与面心立方结构界面附近的 C 区域，位错的数量和密度显著高于 B 区域。这表明，在α′相向面心立方相转变之前，α′相与残余β相之间的界面由于塑性变形已经积累了大量位错，导致了界面位置的高应力集中现象。为了有效缓解该区域的应力集中，需要促使α′相一侧的晶粒通过不全位错滑移机制，触发α′相向面心立方相的转变。这种协调变形模式与其他密排六方结构材料中展现的协调变形模式非常相似[115-116]，在这些材料中，位错滑移引起的应力集中会通过不全位错滑移形成孪晶来释放。此外，由于面心立方结构的滑移系数量远超密排六方结构相的，因此在变形过程中如果发生面心立方相转变，多重滑移系的激活能更有效地协调塑性应变，进一步提升材料的塑性。Lu 等[69, 117]的研究指出，面心立方材料中的纳米级孪晶界可以有效阻碍位错的滑移，并且特定位错与纳米孪晶界的相互作用可能导致位错分解反应。因此，可以认为，面心立方材料的纳米级孪晶界在增强材料强度的同时，也提升了材料塑性。在本研究中，由于变形过程中生成了大量面心立方纳米尺度孪晶，材料的强度和韧性都得到了提升。

相关研究显示，通过高压扭转或超声表面滚压等先进工艺，可在 Ti-6Al-4V 钛合金中成功引入面心立方结构。对其进行的拉伸力学测试结果表明，面心立方结构确实增强了材料的力学性能[12,62]。

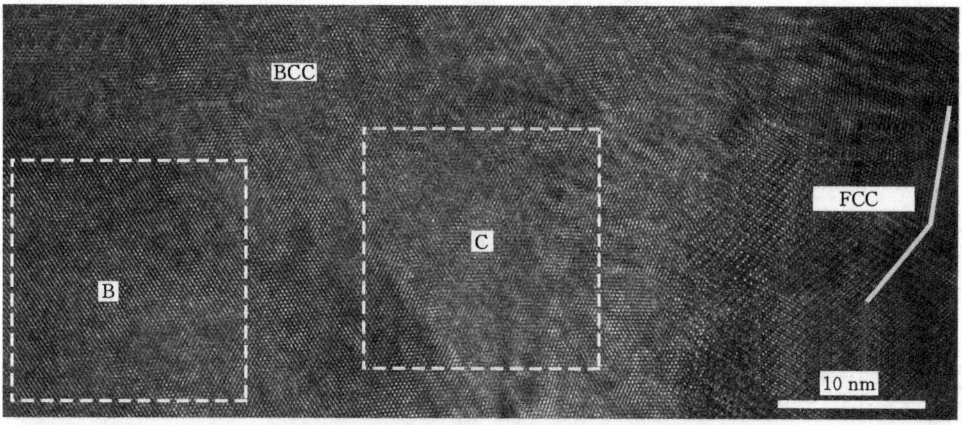

(a) β 相周围的面心立方结构孪晶形态

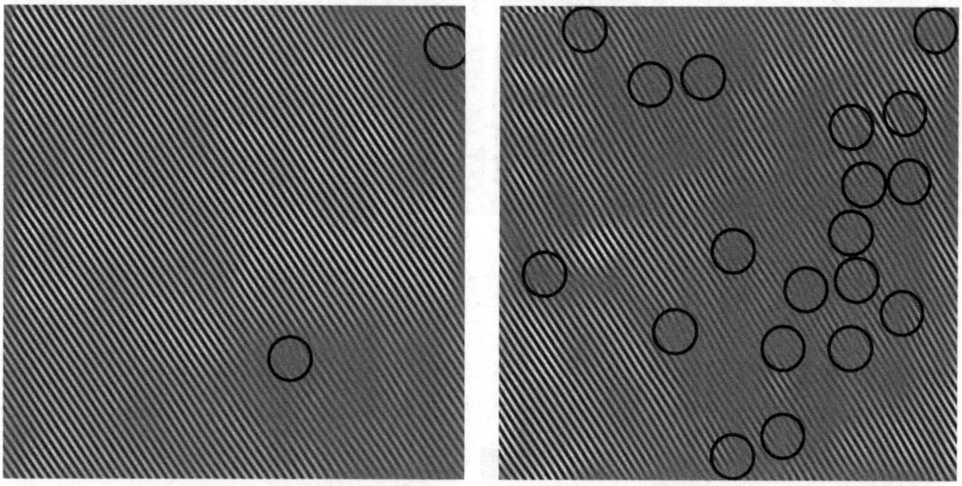

(b) 图(a)中 B 方框区域的反傅里叶变换结果　　(c) 图(a)中 C 方框区域的反傅里叶变换结果

图 6-7　α′相与残余 β 相之间的界面协调变形过程

综上所述，随着拉伸变形的加剧，面心立方结构的数量显著增加，显示出材料的塑性通过面心立方结构的转变得到了显著提升。

6.3　FLM 的增韧原理

从力学性能来看，相比于其他几种样品，β 晶粒大小为 25 μm 的样品确实展现出了较好的冲击韧性。为此，需要对 β 晶粒大小为 25 μm 的样品展开更为详细的微观组织表征与分析，以揭示其优异的冲击韧性产生原理。笔者首先对该样品的冲击变形区域的精细结构进行了相关表征与分析，然后结合相关理论，分析了该样品的韧性增强的原理。

在对马氏体组织的研究中，笔者发现 β 晶粒大小为 25 μm 的样品具有最优异的冲击韧性，且显著超越了热轧态结构。为了更好地了解其冲击韧化机制，需要对样品的精细结构进行更为详细和准确的表征与分析。由于冲击变形过程中裂纹的产生和扩展都会消耗能量，因此分别表征裂纹萌生区和裂纹扩展区的精细结构显得尤为重要。图 6-8 展示了 β 晶粒大小为 25 μm 样品在受到冲击断裂后，裂纹萌生区的精细结构特征。图 6-8(a)所示为采用 TEM 获得的明场形貌，可以明显观察到一定数量的位错被激活。图 6-8(b)所示是相应的选区电子衍射花样，从图 6-8(b)中可以看出部分衍射斑呈现出拉长状态，这表明合金在承受冲击载荷时，片层之间的晶体学取向会发生一定程度的改变。

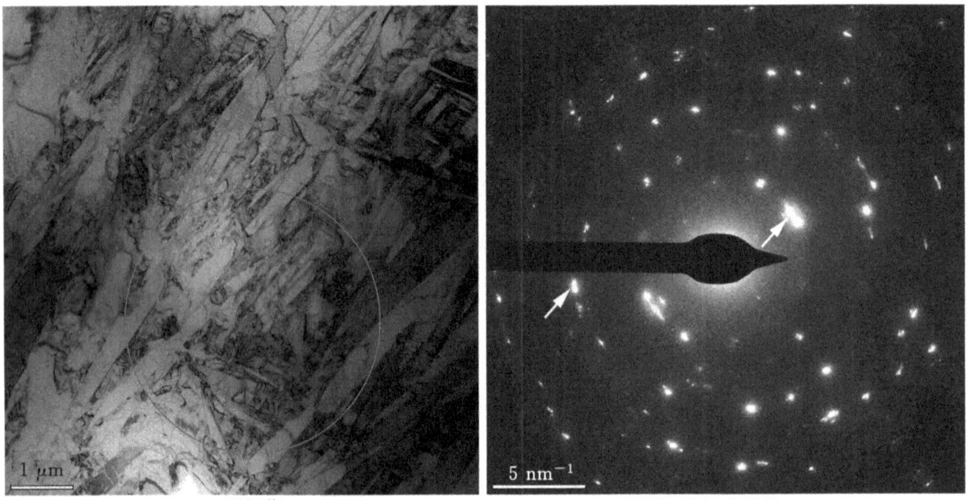

(a) 明场像　　(b) 选区电子衍射花样

图 6-8　β 晶粒大小为 25 μm 的样品裂纹萌生位置的明场像及选区电子衍射花样

笔者进行试验采用的是薄板材料。由于其裂纹扩展区域有限，因此，笔者利用聚焦离子束技术，在冲击断裂表面的裂纹扩展区域内精准提取薄片样本，并进一步加工成 TEM 样品，以精确和详细地研究裂纹扩展区的微观结构。如图 6-9 所示，该图具体展示了裂纹扩展区的精细结构特点。图 6-9(a)展示了明场像下的观察结果，而图 6-9(b)则显示了相应选区电子衍射花样的具体形态。如图 6-9(a)所示，变形前片层界面特征为长且直，而变形后片层界面变得弯曲，在约 500 nm 区域内广泛分布了位错缠结与位错胞结构。由相应选区电子衍射花样可见，衍射斑呈现连续的环状特征，这一特征与未变形的基体材料存在显著差异。这些观察结果表明，在裂纹扩展的特定区域内，大量位错被激活，伴随着片层间的相对旋转，形成了具有特定角度的界面结构。

研究发现，β 晶粒大小分别为 25 μm、43 μm、131 μm 样品的片层组织展现出比热轧态组织更强的冲击韧性，而 β 晶粒大小为 375 μm 样品略逊于热轧态组织。根据之前的研究结果，通过对比断口形貌可知，热轧态样品断裂区域呈现出韧窝特征，但韧窝尺寸较小且较浅。因此，仅凭断口韧窝形貌评估冲击韧性存在局限性。为全面理解材料的冲击韧性，需结合变形态微观组织分析，深入研究 FLM 的断裂和变形机制，从而阐明其增韧机理。

受冲击而断裂的材料，其能量吸收主要分为裂纹萌生和扩展两部分。研究表明，钛合金受冲击断裂时，裂纹萌生功占主导地位[3, 118]。由于裂纹萌生与扩展的增韧机制不同，因此需分别探讨。本部分将从宏观和微观两个层面，分析片层马氏体组织的增韧机理。

裂纹萌生过程中材料的增韧原理如下：β 晶粒大小为 25 μm 样品的断裂分析表明，其裂

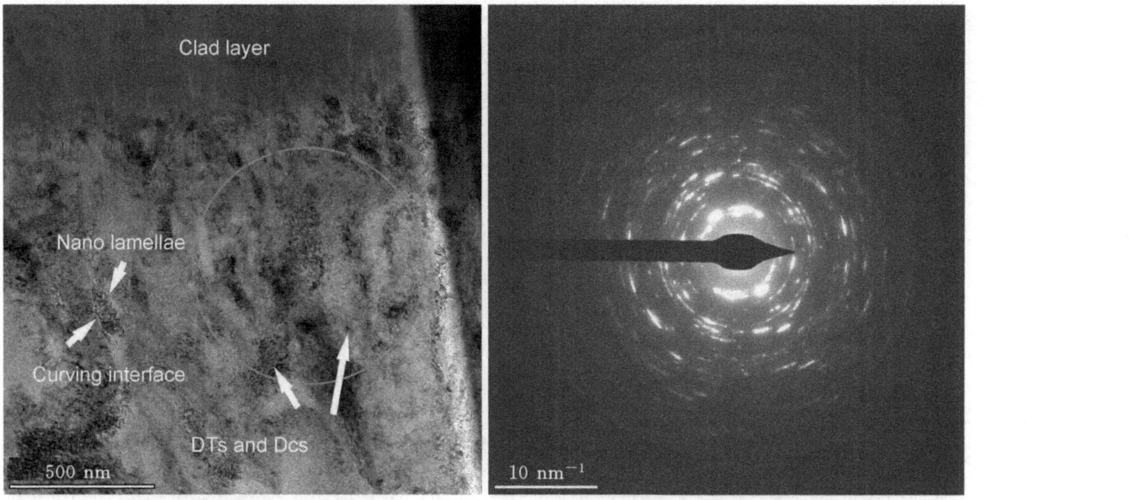

(a) 裂纹扩展区 TEM 形貌　　(b) 相应选区电子衍射花样

图 6-9　β 晶粒大小为 25 μm 样品的裂纹扩展区 TEM 形貌及相应选区电子衍射花样

纹萌生区呈现出韧性断裂特征，裂纹起源于 β 晶粒内部，并伴生大量二次裂纹。这说明材料在冲击变形初期，多个微裂纹的形成增加了裂纹萌生的能量需求[119]。TEM 微观分析（图 6-10）进一步揭示了位错激活对裂纹萌生的影响。在样品裂纹萌生区的 TEM 明场像［图 6-10(a)］中，可以观察到一个黑色衬度的马氏体片层。根据选区电子衍射结果［图 6-10(b)］确定该马氏体片层的入射晶带轴为$[2\bar{1}\bar{1}0]$。图 6-10(c)和图 6-10(d)分别展示了在 $\boldsymbol{g}$ 矢量为 $01\bar{1}0$ 和 $\boldsymbol{g}$ 矢量为 0002 条件下拍摄的双光束明场像。结果显示，<a>型位错和<c>型位错分别集中分布于片层界面和内部，且在片层界面处呈现出高度有序的聚集状态。这表明在裂纹萌生初期，<c+a>型位错的激活对于协调变形至关重要，并有效消耗了裂纹萌生的能量。与 Ti-6Al-4V 钛合金的等轴或双态组织不同，该样品中的马氏体片层呈现出独特的长条形貌，易于在高应变速率冲击下发生片层间相对转动。这种相对转动机制进一步消耗了裂纹扩展所需的能量，从而提高了材料的抗裂纹性能。

裂纹扩展过程中材料的增韧原理分析如下：β 晶粒大小为 25 μm 样品的宏观断裂形态表现为韧性断裂，裂纹扩展区存在大量二次裂纹。这表明在裂纹扩展初期，微裂纹就已大量萌生并参与扩展，从而显著提高了材料的断裂韧性。此外，裂纹扩展区的片层结构呈现明显的弯曲和剪切特征，这是材料协调变形、吸收能量的直接证据。微观分析表明，裂纹扩展区激活了大量的位错，形成了位错缠结和纳米尺度的位错胞结构，TEM 明场像和衍射环形貌证实了这一点。大量位错缠结的形成比单纯的位错线结构更能消耗冲击能量[120]。位错数量的增加意味着在相同冲击载荷下，更多的能量被用于驱动位错运动，从而钝化裂纹。值得注意的是，片层间的强烈相互作用对裂纹扩展过程中的能量消耗起着至关重要的作用。如图 6-11 所示，裂纹扩展区的 TEM 明场和暗场图像显示，片层形态发生变化，失去了原有的平直界面特征。以图 6-11(b)中虚线所示的马氏体片层为例，其暗场像可以划分为尺寸不同的三个区域（A、B、C），其中区域 B 的尺寸明显不同于其他两个区域。这表明马氏体片层与其周围片层之间存在显著的相互作用，导致片层内不同位置晶体发生相对旋转。这种晶体旋转机制能够有效消耗裂纹扩展所需的能量。

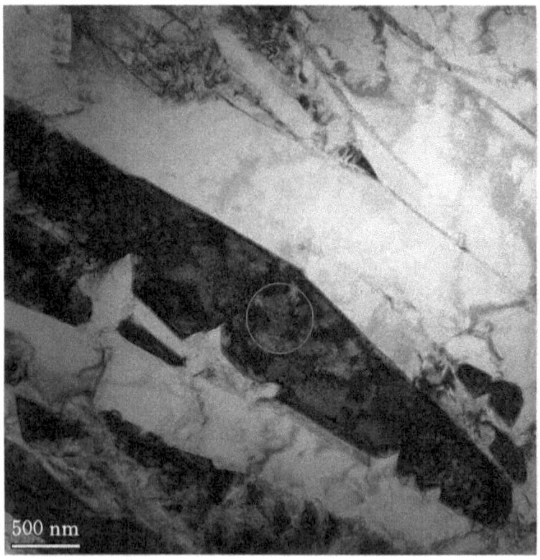

(a) 明场像

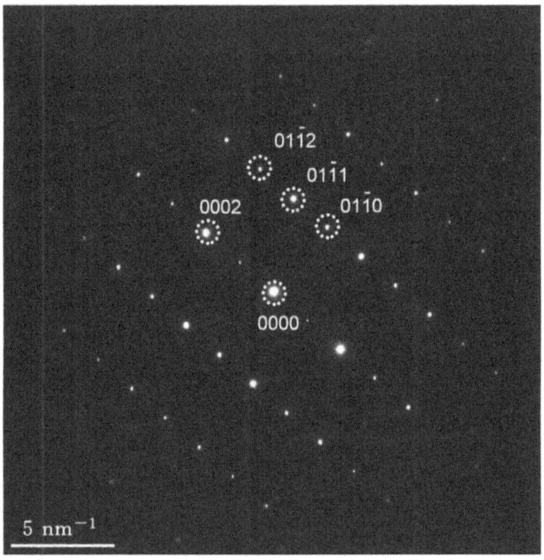

(b) 对应于图(a)的选区电子衍射结果

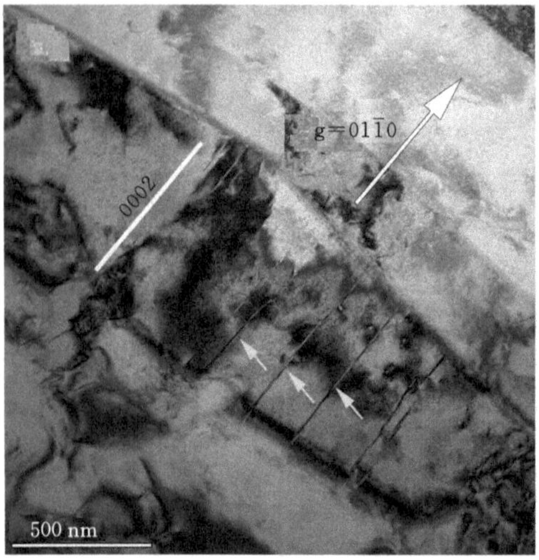

(c) **g** 矢量为 $01\bar{1}0$ 时的＜a＞位错

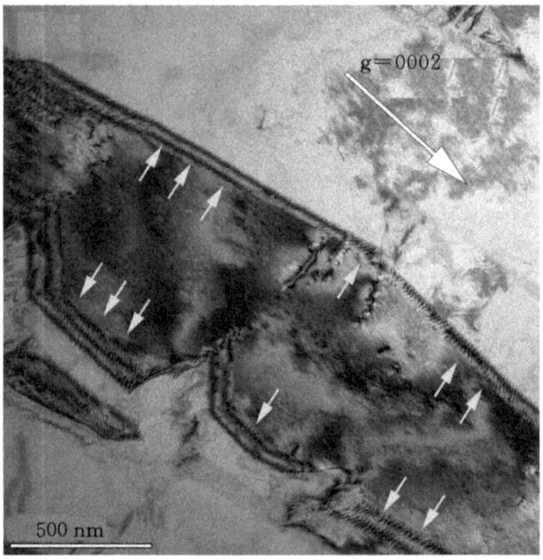

(d) **g** 矢量为 0002 时的＜c＞位错

图 6-10 β 晶粒大小为 25 μm 试样受冲击后的精细结构

观察这些样品发现，裂纹萌生区和扩展区的形貌特征存在关联性变化：韧窝比例逐渐减少，二次裂纹数量和密度也随之降低。这些二次裂纹的出现表明，材料在承受冲击载荷时，多个微观区域协同耗散能量。当 β 晶粒尺寸较小时，其晶界和内部片层的尺寸都较小且均匀，这使得微裂纹的萌生位置更加分散。Niinomi 等[121]的研究证实，钛合金受冲击过程中形成的二次裂纹能够有效吸收冲击能量。此外，裂纹更倾向于在 β 晶界和片层结构中萌生和扩展，因为这些区域的阻力较小[122-123]。小尺寸 β 晶粒导致片层密度极高，且片层间和 β 晶界均呈现大角度界面[10]。这种结构限制了裂纹沿界面扩展的长度，使其在遇到相邻片层时受到强烈阻碍。这解释了样品的冲击韧性的变化规律，并揭示了 FLM 优异的抗冲击性能和增韧机制。

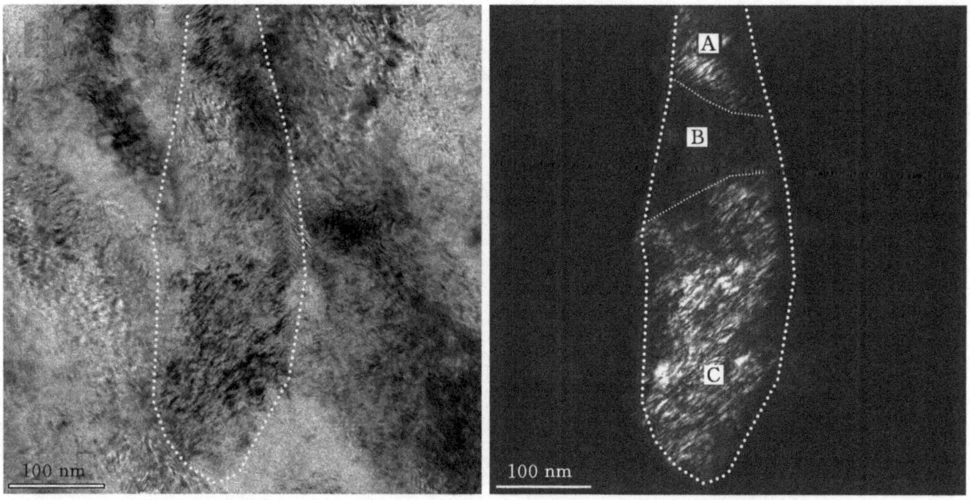

(a) 明场　　　　　　　　　　　　(b) 暗场

图 6-11　β 晶粒大小为 25 μm 试样裂纹扩展区片层形貌

第 7 章 FLM 的变形行为

7.1 引 言

在深入探讨 Ti-6Al-4V 钛合金材料的形变理论之前，必须先理解材料变形机制的基础知识。如前文所述，这一材料在受力后展现出一系列复杂的变形行为，这些行为包括位错滑移、晶体旋转、位错与界面之间的交互作用、机械孪生、晶界滑移及相转变等。这些机制的相互作用，对材料的力学性能有着至关重要的影响。之前的研究结果表明，FLM 材料在拉伸过程中展现出了卓越的拉伸性能。这一性能的背后，不仅伴随着新相的生成，还观察到显著的位错增殖等现象。这些现象与 FLM 材料所展现的优异拉伸性能紧密相关。因此，对变形态材料的微观组织进行深入的组织表征与分析显得尤为重要。通过精细的观察和测量，可以更详细地了解其内部的位错结构、相变过程以及晶界和晶内的相互作用。在理解上述变形机制的基础上，结合相关的理论框架进行深入剖析，是揭示其内在规律的关键。尤其是密排六方结构→面心立方结构相(B 类)以及密排六方结构→面心立方结构相(P 类)的两种相转变特性，它们在材料变形过程中起着重要的作用。这两种相转变的潜在机制，基于的是明确晶体取向关系，需要深入地探讨和分析。回顾之前的内容，得知 FLM 主要由 α' 相构成，并含有少量的残余 β 相。之前的研究借助透射电镜及高分辨透射电镜技术对经历拉伸变形的 FLM 进行了细致的观察和表征。观察到的组织结构不仅包括原始的 α' 相和残余 β 相，还有新生成的面心立方结构相。通过结合相关理论，深入分析这些相之间的协同变形行为可为理解 FLM 的变形行为提供更加坚实的理论基础。总的来说，为了更全面地理解 Ti-6Al-4V 钛合金材料的形变理论，首先需要深入探究材料的变形机制、相转变特性以及其内部结构的微观组织表征。这些都是形变理论的重要组成部分，对于深入理解材料的性能和优化其应用具有重要意义。

7.2 B 类面心立方结构相转变

7.2.1 相转变机制的原子切变模型

根据前述分析可知，未变形的 FLM 微观组织仅包含两种相，即 α' 相和 β 相，分别为密排六方结构和体心立方结构，而拉伸变形以后的 FLM 微观组织中包含了三种相，即 α' 相、β 相以及面心立方结构相。由此可知，面心立方结构相是经过拉伸变形产生的新相，该面心立方结构相必然是由 β 相或者 α' 相经过应变诱导转变而来的。据 Chen 等[124] 的研究，通过密度泛函理论的计算发现，密排六方结构的钛的结合能为 5.51 eV/atom(原子)，而面心立方结构的钛的结合能相比密排六方结构的钛有所提升，面心立方结构的钛的结合能相比密排六方结构的钛的结合能高约 50 meV/atom。体心立方结构钛的结合能比密排六方结构的钛的结合能高出约 90 meV/atom。这为面心立方结构的钛是亚稳相的结论提供了有力证据。两者晶体结构上的差异也是显而易见的。具体来说，密排六方结构是由原子沿 $\langle 0001 \rangle$ 方向按照特定的“ABAB”的顺序堆垛而成的，而面心立方结构则是原子在 $\langle 111 \rangle$ 方向上按“ABCABC”的顺序排列。有趣的是，密排六方结构原子在(0001)面上的排列与面心立方结构原子在(111)面上的排列呈现出一致性[6]。由此可知，面心立方晶体结构其实是在密排六方晶体结构基础上，(0001)面原子层之间插入了一层原子以后的结构，从而形成了周期性的堆垛层错结构。因此，可以认为面心立方结构相是由合金中的 α' 相通过位移型相变形成的。

根据两相的特定排列关系，可以阐明合金中面心立方结构相的形成机理：每两层(0001)原子面间嵌入一个 $1/3\langle 10\bar{1}0 \rangle$ 不全位错，并通过这些不全位错在其滑移面的滑动，促使密排六方结构相转变为面心立方结构相。此相变过程如图 7-1 所示，密排六方结构晶体沿 $\langle 0001 \rangle$ 轴以“ABAB”顺序堆叠，假设不完全位错位于“A|BA|BA|BA”位置。当首个不完全位错滑移后，堆叠顺序转变为“ACB|CB|CB”，显著特点是底部三层原子以“ACB”方式堆叠，这正是面心立方结构的特征。随后，第二个不完全位错滑移，堆叠顺序演变为“ACBAC|AC”，此时底部“ACBAC”显示出五层面心立方结构的特征。最终，所有不完全位错完成滑移，形成“ACBACBA”的堆叠序列，构成七层面心立方结构晶体，标志着密排六方结构至面心立方结构相变的成功实现。这一机制紧密契合两相间的晶体学方向关系，验证了其逻辑合理性与准确性。

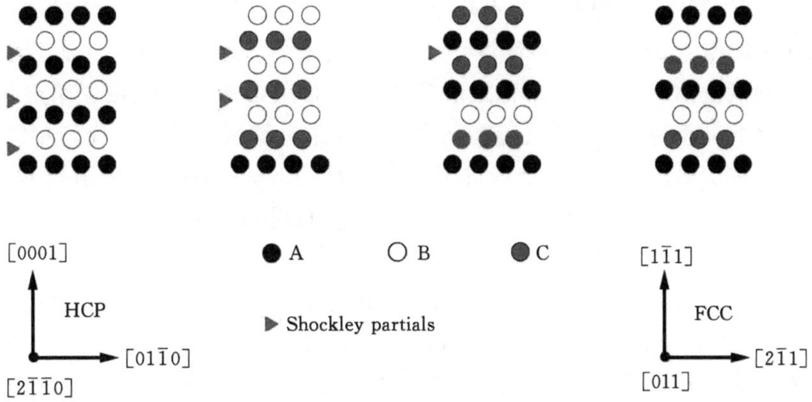

图 7-1　密排六方结构相向面心立方结构相转变原子切变模型

7.2.2　从能量角度验证 B 类相转变机制

以下将依托第一性原理，深度剖析密排六方结构向 B 类面心立方结构相转变的路径，并通过体系能量演变的细致考察，进一步验证所提出机制的合理性与可靠性。

在相变过程中，体系能量的显著波动使之成为一个关键指标，它不仅精确量化了相变所需跨越的能量障碍，还清晰地揭示了相变完成后体系所达到的能量配置。借助第一性原理的深入计算，绘制出了该相变路径下的广义层错能曲线图，这一成果为相变机制的验证奠定了坚实的基础。具体而言，广义层错能的计算策略涉及对特定物理量进行精确处理，以实现对相变过程中能量变化特征的全面捕捉。广义层错能的计算方法为：

$$\gamma_{\mathrm{GSF}}^{n} = \frac{E_{\mathrm{SF}}^{n} - E_{0}}{A} \tag{7-1}$$

式中，$\gamma_{\mathrm{GSF}}^{n}$ 为模拟胞进行一个不全位错的位移以后的广义层错能，E_{SF}^{n} 为模拟胞完成该不全位错的位移以后的总能量，E_0 为完美晶体模拟胞的总能量，A 为层错面的面积。

在本研究中，采用维也纳大学精心设计的 VASP（Vienna Ab-initio Simulation Package）第一性原理软件包，以执行所有必要的计算任务。在结构优化的步骤及自洽计算过程中，选用了 GGA-PBE 交换关联泛函，以实现对电子间相互作用的精确模拟。动能截断能设定为 500 eV，以确保计算的准确性。对于布里渊区的积分采样，精心挑选了 4×4×1 的 Monkhors-Pack 网格 k 点，并据此对模型进行了详尽的结构优化和电子自洽计算，其中力和能量的收敛标准分别严格设定为 0.02 eV $\mathrm{Å}^{-1}$ 以及 10^{-5} eV。为了深入研究密排六方结构钛中的不全位错 1/3＜10$\bar{1}$0＞的滑移行为，采用了刚性固定法，并绘制了相应的广义层错能曲线。不全位错沿着(0001)滑移面进行滑移，滑移后会在局部区域形成 B 类的面心立方结构，从而改变原始密排六方结构的局部原子堆垛方式。为了准确评估这一能量变化过程，并确定相转变所需的能垒以及体系整体能量的变化情况，构建了特定的模拟胞。模拟胞在上部设置了足够的真空区域(15 Å)，以消除周期边界条件可能带来的干扰。模拟胞针对(0001)＜10$\bar{1}$0＞滑移系统，由 11 层(0001)面原子堆叠而成，其中底部 5 层原子被固定，而上部 6 层原子则沿＜10$\bar{1}$0＞方向在(0001)滑移面上移动，直至达到位移 $a/\sqrt{3}$，其中 a 代表密排六方结构钛的晶格常数。

广义层错能曲线作为一种有效的工具，已被众多研究证实能够评估金属材料中全位错与不全位错在不同滑移面上的滑移难度[125]。通过分析广义层错能曲线，可以确定局部最高点及其对应的能量值，从而了解不稳定层错能与固有层错能。不稳定层错能代表了位错滑移时需要克服的能量障碍，固有层错能则反映了位错滑移后体系中亚稳态相的存在情况。以纯钛的(0001)＜10$\bar{1}$0＞广义层错能曲线为例(图 7-2)，完整模拟胞结构包含 11 层沿(0001)方向排列的钛原子。原始堆垛序列为“ABAB”的周期性排列。当第 5 层与第 6 层原子面之间发生一个 1/3＜10$\bar{1}$0＞的不全位错滑移后，第 5、6、7 层原子堆垛顺序变为“ACB”，形成一个局部面心立方结构。计算结果显示，晶体在经历 1/3＜10$\bar{1}$0＞不全位错滑移过程中，体系能量呈现先上升后下降的趋势。相较于初始的密排六方结构，局部面心立方结构所需的能量水平更高。这表明密排六方结构向 B 类面心立方结构相的转变过程中，需要克服能垒。同时，新形成的面心立方结构具有亚稳态特性。此外，观察相转变完成后的能量分布，发现其位于广义层错能曲线的较低区域，这进一步证实了体系当前处于能量较低的局部稳定状态。这种相对稳定的能量状态间接验证了 Ti-6Al-4V 钛合金密排六方结构相转变为 B 类面心立方结构相的机制，即 1/3＜10$\bar{1}$0＞不全位错沿着每两个(0001)原子面进行滑移的过程。

7.2.3 B 类面心立方结构孪晶形成机制

当前研究表明，在钛合金 α 相中的孪晶类型为{10$\bar{1}$2}、{11$\bar{2}$4}、{11$\bar{2}$3}、{10$\bar{1}$1}、{11$\bar{2}$1}、{11$\bar{2}$2}[31]。这些形变孪晶均可作为除位错滑移之外的有效塑性变形模式，其特点

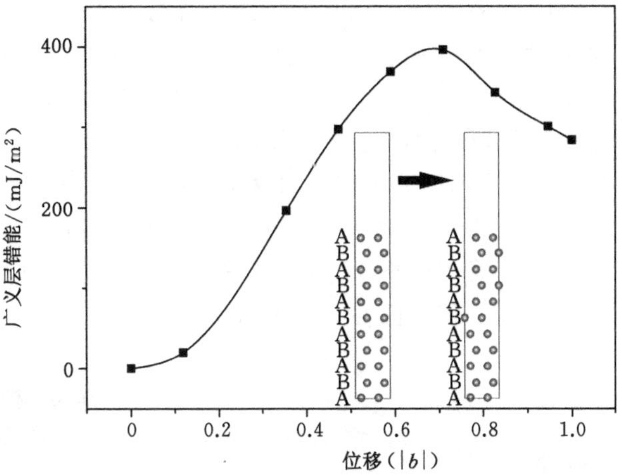

图 7-2　钛的第 5 层与第 6 层原子面之间发生一个 1/3<10$\bar{1}$0>不全位错滑移过程中的 (0001)<10$\bar{1}$0>广义层错能曲线

在于仅改变与基体的取向关系，而不影响晶体结构的类型。然而，本章所报道的孪晶具有独特性，经过标定确认为面心立方结构，如图 7-3 所示。与先前在密排六方结构中形成的形变孪晶相似，其形成目的同样是适应并协调宏观应变。

图 7-3　拉伸变形过程中形成的面心立方结构的孪晶结构

由前述研究可知，通过 TEM 观察到的面心立方结构孪晶为相转变孪晶，孪晶形成机制的原子切变示意图如图 7-4 所示。图中密排六方结构的(0001)原子面在<0001>方向以“ABAB”形式排列，在原子层之间存在两个 1/3<01$\bar{1}$0>肖克莱不全位错，这两个不全位错分别位于第 1 与第 2 以及第 4 与第 5 原子层之间。第 1 与第 2 原子层之间的一个不全位错完成滑移以后，整个密排六方结构的排列形式改变为“ACBC|BC”，改变后第 1、第 2、第 3 原

子层的原子排列形式为“ACB”,即是一个面心立方结构。第 4 与第 5 原子层之间的不全位错发生滑移之后,整个密排六方结构原子的排列转变为“ACBCAB”。此时,第 4、第 5 以及第 6 原子层的排列形式为“CAB”,即构成了一个独立的面心立方结构。该结构与底部的第 1、第 2、第 3 原子层结构之间呈现出面心立方结构孪晶关系。因此,面心立方结构孪晶的形成机制可归因于具有不同堆垛序列的原子层之间发生的不全位错滑移。在密排六方结构的钛材料中,由于(0001)晶面上的原子层 A 与 B 展现出完全的等效性,不全位错得以在 A 与 B 之间或者 B 与 A 之间随机形成。此外,此类随机发生的不全位错滑移,能够有效地减少晶体所承受的总体剪切应变,进而促使面心立方结构孪晶的形成。

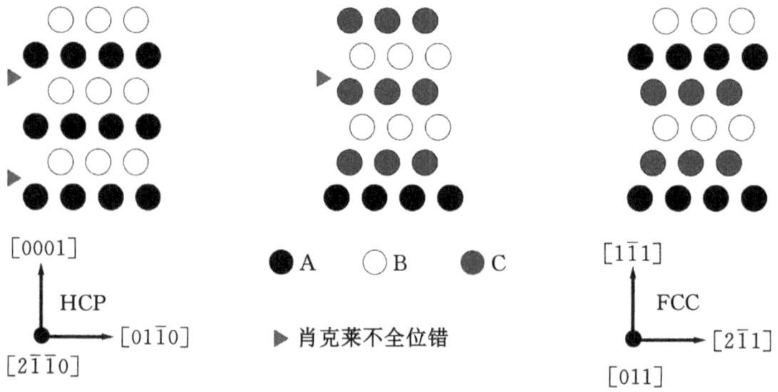

图 7-4　面心立方结构孪晶形成机制

7.2.4　面心立方结构相转变的不全位错来源

研究结果表明,一些特殊的部位,例如自由表面、裂纹尖端、纳米晶界可以产生肖克莱不全位错[126-128]。另外,全位错通过分解反应也可以形成肖克莱不全位错[129]。本研究中的 Ti-6Al-4V 钛合金内马氏体片层尺寸尚未达到纳米级别,且内部无自由表面及裂纹存在。通过分析,推断合金在相转变过程中产生的不全位错,其根源应追溯至全位错的分解。作为Ⅳb 族的金属元素,钛的同族金属包括铪。铪与钛在晶体结构方面表现出相似性,均具有密排六方结构。近期研究发现,铪材料在受到变形诱导时,会发生由密排六方结构相至面心立方结构相的转变[56]。这种相转变过程中的 $1/3\langle 10\bar{1}0\rangle$ 不全位错主要来源于全位错的分解。$1/3\langle 10\bar{1}0\rangle$ 不全位错既可以来自 $\langle a\rangle$ 型全位错分解,也可以来自 $\langle c+a\rangle$ 型全位错的分解。研究发现,$\langle a\rangle$ 型全位错有两种分解方式:第一种为 $1/3\langle 11\bar{2}0\rangle$(60°全位错)→$1/3\langle 10\bar{1}0\rangle$(30°不全位错)+$1/3\langle 01\bar{1}0\rangle$(90°不全位错);第二种为 $1/3\langle 11\bar{2}0\rangle$(螺型位错)→$1/3\langle 10\bar{1}0\rangle$(30°不全位错)+$1/3\langle 01\bar{1}0\rangle$(30°不全位错)。位错分解的结果为滑移面两侧均保留一个 $1/3\langle 01\bar{1}0\rangle$ 型不全位错。而 $\langle c+a\rangle$ 型全位错的分解更为复杂,存在两种类型[130]。第一种是 $\{01\bar{1}1\}\langle c+a\rangle$ 型位错,该位错首先在锥面发生分解,位错反应分解为:$1/3\langle 11\bar{2}3\rangle$(全位错)分解为一个 $1/3\langle 11\bar{2}0\rangle$ 螺型位错以及一个 $\langle 0001\rangle$ 刃型位错。其次,$1/3\langle 11\bar{2}0\rangle$ 螺型位错通过交滑移的形式从锥面滑移到基面,然后再进行分解,转变为一个 $1/3\langle 10\bar{1}0\rangle$ 不全位错以及一个 $1/3\langle 01\bar{1}0\rangle$ 不全位错。第二种是 $\{11\bar{2}2\}\langle c+a\rangle$ 型位错,这种位错首先在锥面发生一个 $1/3\langle 11\bar{2}3\rangle$ 位错分解反应生成一个 $1/3\langle 11\bar{1}3\rangle$ 以及一个 $1/3\langle 01\bar{1}0\rangle$ 螺型位错,然后 $1/3\langle 01\bar{1}0\rangle$ 螺型位错通过交滑移从锥面滑移到基面。然而，在经历此类＜c＋a＞型全位错分解反应后，一侧的位错将呈现不可移动的状态。但是，Zhao 等[56]通过高分辨率观察确定位错分解以后滑移面两侧各存在一个 $a/3\langle 10\bar{1}0\rangle$ 不全位错。因此，本研究中发现的 Ti-6Al-4V 钛合金中的 B 类面心立方结构相转变的不全位错与在铪中发现的 B 类面心立方结构相转变类似，即不全位错源均来自＜a＞型全位错的分解。

7.3　P 类面心立方结构相转变

7.3.1　相转变机制的原子切变模型

关于 P 类面心立方结构相转变，其形成机制目前尚存争议。据现有报道，该机制主要可归纳为两种。第一种机制是基于对纯钛进行变形后的分析，通过深入研究面心立方结构相与母相之间的晶体学取向关系，推导得出的[50]。该形式的原子切变模型为：$\{10\bar{1}0\}$ 晶面上的 $a/6\langle 11\bar{2}0\rangle$ 型不全位错在每两个 $\{10\bar{1}0\}$ 晶面上完成滑移后，即完成了 P 类面心立方结构相转变。第二种机制是通过在与钛同族的纯锆中施加变形后进行观察，并辅以高分辨率电子显微镜对母相与新相界面结构的详细表征所得出的结论[54]。其形成机制相对复杂，如图 7-5 所示。

密排六方结构的钛的 $\{10\bar{1}0\}$ 晶面上的原子层排列顺序为“ABCDABCD”，其中 A、B 与 C、D 的晶面间距相等，B、C 与 A、D 的晶面间距亦相等，且 A、B 与 C、D 之间的面间距是 B、C 与 A、D 晶面间距的两倍，面心立方结构钛的 $\{220\}$ 晶面上的原子层堆垛顺序严格遵循“ABAB”的排列方式，其中“AB”与“BA”两种堆垛模式的晶面间距保持一致，呈现出高度的对称性和规律性。在此情境下，密排六方结构的钛与面心立方结构的钛之间必然呈现出两种类型的界面结构。其一为 X 型界面，具体形态如图 7-5(a)左侧所示；另一则为 Y 型界面，其形态则如图 7-5(a)右侧所描绘。密排六方结构相与面心立方结构相间存在 X 型与 Y 型两种界面。Y 型界面不稳定，将自发转为 X 型，如图 7-5(b)所示。图 7-5(c)～(e)为密排六方结构向面心立方结构转变机制示意图。如图 7-5(c)所示，密排六方结构相在 A、B 或 C、D 原子层之间存在一个 $a/6\langle 11\bar{2}0\rangle$ 型不全位错，如图中虚线位置处，其在滑移面上完成滑移以后会形成图 7-5(d)所示的结构。在此基础上，当滑移面上第 1 层原子完成向下的拖曳动作，同时滑移面上第 2 层原子完成向上的拖曳动作后，将形成如图 7-5(e)所示的结构。观察图 7-5(e)可明确，此时在中间区域形成了两层面心立方结构相结构。值得注意的是，面心立方结构相结构与上部的密排六方结构相之间形成了 Y 型界面，而与下部的密排六方结构相之间则形成了 X 型界面。由于 Y 型界面处于能量不稳定状态，因此，该 Y 型界面将发生转变，转化为更为稳定的 X 型界面。图 7-5(f)和(g)为生成面心立方结构相以后界面迁移示意图，图 7-5(f)所示为 A、B 或 C、D 之间原子面存在 $a/6\langle 11\bar{2}0\rangle$ 型不全位错，当该不全位错完成滑移过程后，水平方向上会产生剪切位移。同时，A、B 或 C、D 层的原子会经历小范围的拖曳运动，具体如图中箭头所示。随着原子完成此类运动，将形成如图 7-5(g)所示的结构。与图 7-5(f)相比，可以明显观察到密排六方结构与面心立方结构相界面向下迁移了两个原子层的距离。因此可以得出，在纯锆中要完成 P 类相转变，单纯依靠 $a/6\langle 11\bar{2}0\rangle$ 型不全位错滑移是不够的，还必须通过拖曳机制完成相转变。

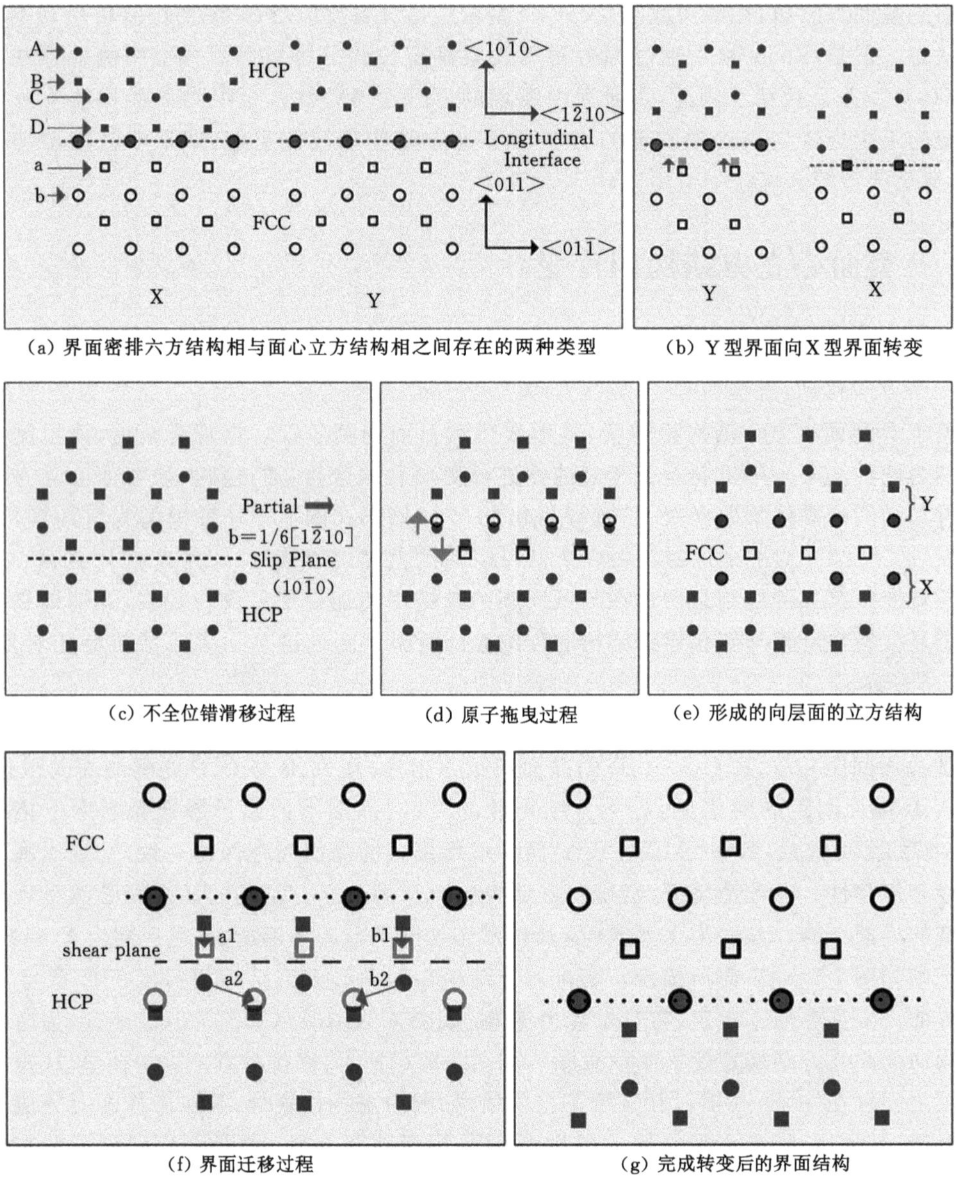

图 7-5　变形纯锆中形成面心立方结构相机制示意图

7.3.2　从能量角度验证 P 类相转变机制

上述两种相转变机制均能够精准地与两相的晶体取向关系相匹配，本节笔者将借助第一性原理，从体系能量变化的视角，对密排六方结构相向 P 类面心立方结构相转变的过程进行深入研究，以进一步验证上述相转变机制的合理性。

在本研究中，同样采用维也纳大学开发的 VASP 第一性原理软件包，以执行所有必要的计算任务。在结构优化的步骤及自洽计算过程中，选用了 GGA-PBE 交换关联泛函，以实现对电子间相互作用的精确模拟。动能截断能设定为 500 eV，以确保计算的准确性。对于布里渊区的积分采样，精心挑选了 4×4×1 的 Monkhorst Pack 网格 k 点，并据此对模型进行了详尽的结构优化和电子自洽计算，其中力和能量的收敛标准分别严格设定为 0.02 eV $Å^{-1}$以及 10^{-5} eV。为了深入研究密排六方结构钛中的不全位错 1/6<11$\bar{2}$0>的滑移行为，采用了刚性固定法，并绘制了相应的广义层错能曲线。不全位错沿着{10$\bar{1}$0}滑移面进行滑移，滑移后会在局部区域形成 P 类的面心立方结构，从而改变原始密排六方结构的局部原子堆垛方式。为了准确评估这一能量变化过程，并确定相转变所需的能垒以及体系整体能量的变化情况，构建了特定的模拟胞。模拟胞在上部设置了足够的真空区域(15 Å)，以消除周期边界条件可能带来的干扰。模拟胞针对{10$\bar{1}$0}<11$\bar{2}$0>滑移系统，由 12 层(10$\bar{1}$0)面原子堆叠而成，其中底部 9 层原子被固定，而上部 3 层原子则沿(10$\bar{1}$0)滑移面上沿<11$\bar{2}$0>方向移动，直至达到位移 a，其中 a 代表密排六方结构钛的晶格常数。

图 7-6 所示为随位移变化的广义层错能曲线。密排六方结构的钛的晶格常数 a 等于曲线横坐标长度 $2b$。该模拟胞中的第 9 层以上原子向<11$\bar{2}$0>方向移动 $2b$ 长度的距离后，模拟胞中的原子排列顺序不变。如果要完成 P 类 HCP(密排六方)→FCC(面立方)相转变，第 9 层以上的原子向<11$\bar{2}$0>方向的移动距离只能为 b。由图 7-6 可知，整个体系能量最高值位于 b 处，该值为805.19 mJ/m^2。由此可见，当第 9 层以上原子向<11$\bar{2}$0>方向移动 b 长度的距离后，体系的能量达到最大，但体系并不稳定。因此可知单纯依赖该原子切变模式并不能完成 HCP→FCC 相转变。通过详细分析可知，本研究中的 P 类面心立方结构相转变切变机制与在锆中发现的 P 类面心立方结构相转变切变机制相符，即通过第 9 层以上的原子切变后，同时必须发生拖曳，从而完成 P 类 HCP→FCC 相转变，以确保体系能量的稳定。从广义层错能曲线上可以看出，原子在切变过程中，体系的能量发生了很大的升高，由此可以充分说明发生 P 类面心立方结构的相转变需要很大的能量驱动。本研究中出现的 B 类面心立方结构的相转变远远大于 P 类面心立方结构的相转变，广义层错能曲线从能量变化角度进一步证实了该现象。

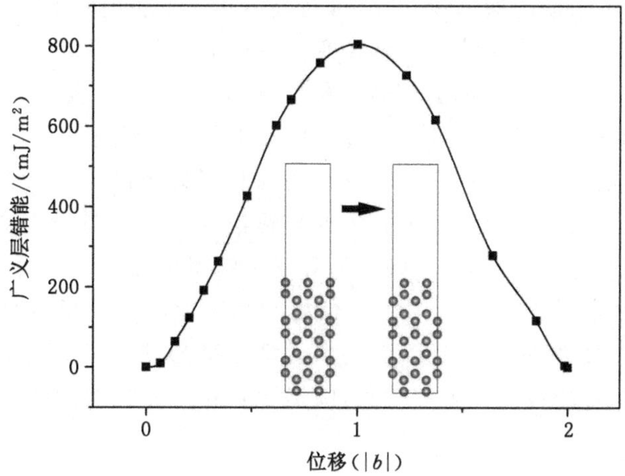

图 7-6　钛的(10$\bar{1}$0)<11$\bar{2}$0>广义层错能曲线

7.4 精细结构之间的协调塑性变形行为

在前述研究中，已明确指出了变形前 Ti-6Al-4V 钛合金中既包含 α′相，又含有部分残余 β 相。此外，拉伸变形过程中会新生成面心立方结构相。为了有效协调宏观应变，这些不同相之间要通过相应的方式来协调彼此的塑性变形。因此，这些协调塑性变形的具体行为尚需进一步深入探究与揭示。

7.4.1 α′相与 α′相间的协调变形行为

图 7-7 展示了在拉伸塑性变形前期，当拉伸应变约为 4%时，片层马氏体片位错的 TEM 形貌。在图 7-7(a)中，3 个马氏体片层被分别命名为密排六方结构-1(HCP-1)、密排六方结构-2 (HCP-2)、密排六方结构-3(HCP-3)。其中，密排六方结构-1 的片层厚度显著大于密排六方结构-2 以及密排六方结构-3，其厚度为 800 nm 左右；而密排六方结构-2 与密排六方结构-3 的片层厚度则较为接近，均在 100 nm 左右。根据图 7-7(a)所示，密排六方结构-1 片层内部位错沿片层厚度方向分布，其形态表现为直线状或弯曲状，且存在相互缠结的趋势。相比之下，密排六方结构-2 薄片层内的位错线则主要呈现直线形态，并贯穿整个片层厚度方向。而在密排六方结构-3 薄片层内，几乎观察不到位错线的存在。此外，厚片层马氏体受到周围薄马氏体的有效约束。随着应变的增加，为了协调 c 轴方向的塑性应变，厚片层马氏体需要激活更多的滑移系统，如锥面＜c＋a＞滑移系。在与厚片层马氏体相邻的薄片层马氏体中，为了协调两者间的变形差异，薄片层马氏体被迫启动位错滑移。此过程中，首先被激活的滑移系多为 α 钛合金中临界分切应力最低的滑移系，具体表现为单一柱面＜a＞或基面＜a＞滑移系，如图 7-7(a)所示，密排六方结构-2 区域呈现出直线状的位错滑移轨迹。随着应变的进一步增加，当达到 25%的应变水平，即进入后期阶段时，如图 7-7(b)所示，马氏体片层内部显著形成了大量的剪切带。此外，马氏体片层还展现出了不同程度的弯曲特性，如图 7-7(c)所示。这些现象均反映了合金在变形过程中的复杂响应与结构演变。根据选区电子衍射花样[图 7-7(d)]所展示的近似连续衍射环特征，可以明确推断出该变形区域的位错密度较高，并伴随着多样化的晶体取向。同时，图中还清晰地标识出了由变形诱导产生的新面心立方结构相的衍射斑。这一观察结果有力支持了以下结论：α′相与 α′相之间的协调变形首先依赖在取向有利的马氏体片中发生的位错滑移。当位错活动增强至一定程度时，为维持变形的协调性，周围马氏体片中的几何必需位错将被激活。然而，随着变形的持续进行，鉴于 α′相的特殊片层结构及其与相邻 α′相之间高密度的大角度界面，单纯依赖 α′相与 α′相之间几何必需位错的激活已不足以满足协调塑性变形的需求。因此，变形过程中还涉及了剪切、晶体旋转以及相转变等多种机制，以实现 α′相与 α′相之间的有效协调变形。

7.4.2 β 相与 α′相间的协调变形行为

图 7-8 说明一个区域内 β 相的(110)晶面与面心立方结构相的(111)晶面间的夹角大约为 3°。其中图 7-8(a)展示了一个特定区域的 TEM 高分辨率图像，而图 7-8(b)与图 7-8(c)则分别呈现了图 7-8(a)中相应区域经过快速傅里叶变换后的结果。根据快速傅里叶变换的标定结果，可以明确该特定区域内左半部分主要由面心立方结构相构成，其晶带轴确定为

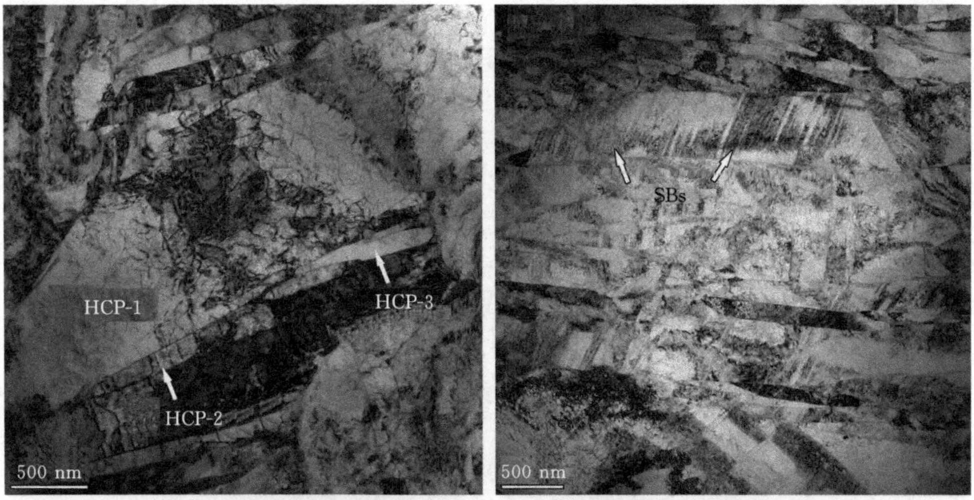

(a) 片层在变形前期的位错形态 (b) 片层在变形后期的位错形态(一)

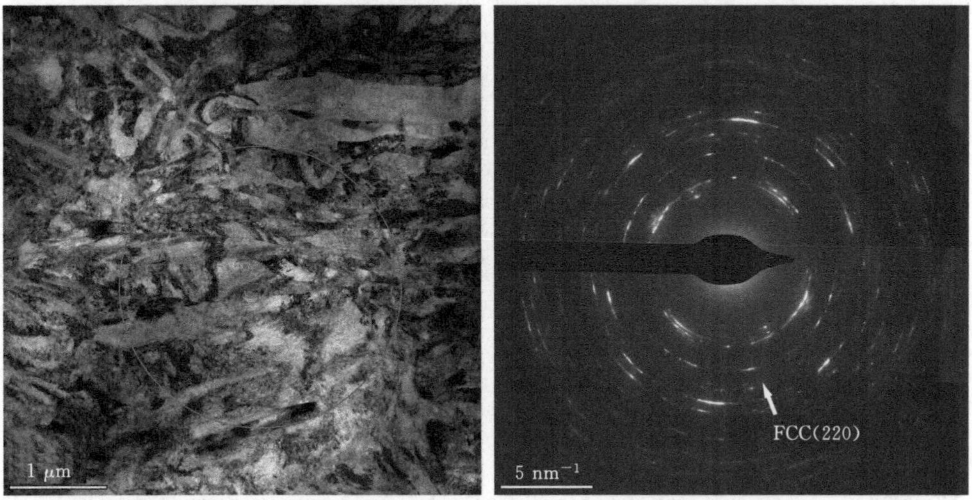

(c) 片层在变形后期的位错形态(二) (d) 对应于图(c)中圆内的 SAED 花样

图 7-7 拉伸样品变形过程中的 TEM 形貌

[011]。进一步分析显示,面心立方结构相以孪晶的形式存在,且孪晶片层的厚度大致在几纳米至十几纳米的范围内。与之相邻的右侧是 β 相,晶带轴被确定为[$\bar{1}$11],面心立方结构相与 β 相之间的界面用虚线表示。根据前述结果与分析可确定这些新发现的面心立方结构相的母相均为密排六方结构相。换言之,在本试验过程中,新面心立方结构相的形成是母相密排六方结构为协调应变而经由原子切变所产生的。此外,依据前述的研究结果,该类面心立方结构相被归类为 B 类面心立方结构相。由于在 Ti-6Al-4V 钛合金中,α'相源自高温相区的 β 相,即 β 相在快速冷却过程中发生了 $\beta \to \alpha'$转变。因此可以确定,β 相与相邻的 α'相之间一定满足如下晶体学取向关系:(0002)密排六方结构 ∥ (110)体心立方结构以及 $\langle 2\bar{1}\bar{1}0 \rangle$密排六方结构 ∥ $\langle 1\bar{1}1 \rangle$体心立方结构。由此可知,在发生 $\beta \to \alpha'$转变前,β 相的(110)晶面与 α'相的(0002)晶面势必平行。而图 7-8(a)中 β 相的(110)晶面与面心立方结构相的(111)晶面间的夹角大约为 3°。

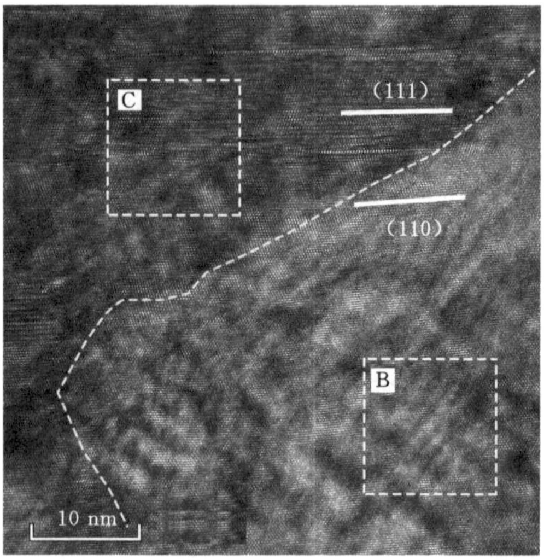

(a) 两相的界面

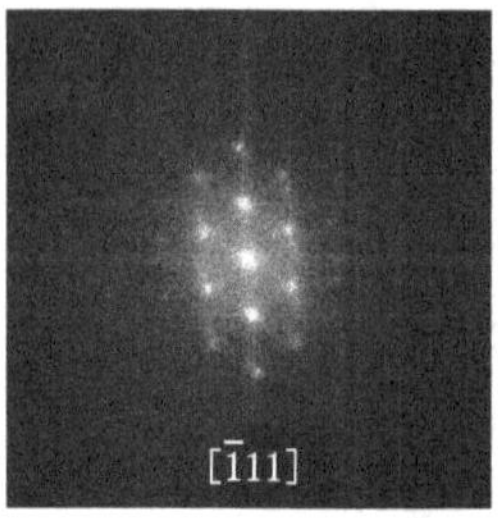

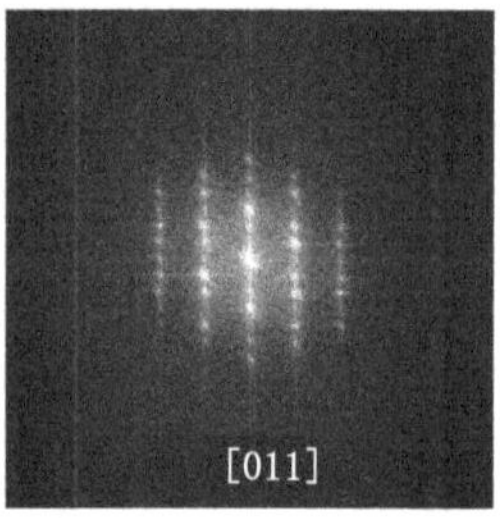

(b) 图(a)中B方框的快速傅里叶变换图　(c) 图(a)中C方框的快速傅里叶变换图

图 7-8　一个区域内 β 相的(110)晶面与面心立方结构相的(111)晶面间的夹角(大约为 3°)

图 7-9 说明一个区域内 β 相的(110)晶面与面心立方结构相的(111)晶面间的夹角大约为 5°。其中图 7-9(a)展示了另一个变形区域的 TEM 高分辨率图像,图 7-9(b)与图 7-9(c)则分别呈现了图 7-9(a)中对应区域的快速傅里叶变换结果。由相应的快速傅里叶变换结果可知,TEM 图中左侧的结构为面心立方结构相,晶带轴被确定为[011],面心立方结构相同样以孪晶形式展现;右侧被确定为 β 相,晶带轴是[$\bar{1}$11]。左侧的面心立方结构相仍然被确定为 B 类面心立方结构相,β 相的(110)晶面与面心立方结构相的(111)晶面之间的夹角大约为 5°。此外,值得注意的是,在面心立方结构孪晶的一侧,观察到了高密度层错(SFs)结构的出现。

图 7-10 说明一个区域内 β 相的(110)晶面与面心立方结构相的(111)晶面间的夹角大约为 27°。图 7-10(a)为另一个变形区域的 TEM 高分辨率图片,而图 7-10(b)与图 7-10(c)则分别呈现了图 7-10(a)中相应区域经过快速傅里叶变换后的结果。由相应表征结果可以确定区域左侧为 β 相,晶带轴被确定为[$\bar{1}$11]。右侧区域被确定为面心立方结构相,其晶带轴被确定为[011]。该面心立方结构相仍然以孪晶的形态呈现,进一步确认其同样属于 B 类面心立方结构相。该变形区域内 β 相的(110)晶面与面心立方结构相的(111)晶面之间的

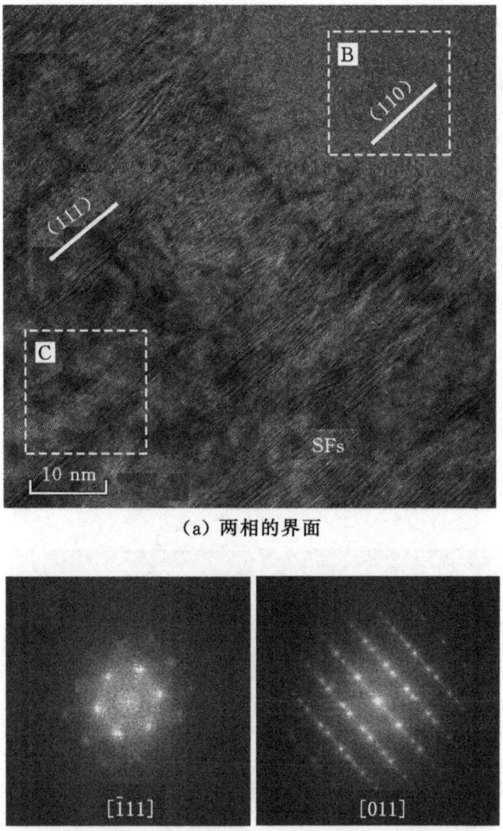

(a) 两相的界面

(b) 图(a)中 B 方框的快速傅里叶变换图　(c) 图(a)中 C 方框的快速傅里叶变换图

图 7-9　一个区域内 β 相的(110)晶面与面心立方结构相的(111)晶面间的夹角(大约为 5°)

夹角大约为 27°。

据众多文献的报道，在双相钛合金中，α 相与 β 相之间的界面展现出显著的对位错滑移的阻碍作用。这一特性表现为位错在界面区域出现塞积或缠结现象。换言之，双相钛合金中最为关键的应变不协调性与应力不兼容性，其根源可追溯到 α 相与 β 相之间的界面[114]。在本试验中，同样可以确定 β 相与 α′相之间的界面构成了位错滑移的显著阻碍。若此界面无法借助特定的塑性变形行为有效协调两相间的变形差异，合金则易于早期在界面处萌生微孔洞。随着应变的增加，这些微孔洞将迅速合并形成裂纹，并加速扩展，最终导致合金提前失效。在 Ti-6Al-4V 钛合金的变形过程中，马氏体组织内的位错迅速被激活。随着应变的逐渐增大，这些位错更倾向于在 β 相与 α′相之间的界面处发生塞积。为了调和两相之间因应变差异而产生的不兼容性，α′相一侧被迫启动了密排六方结构相向面心立方结构相的转变过程。该新型协调塑性变形行为与金属材料中晶界通过生成形变孪晶从而协调晶界两侧相邻晶粒间塑性变形的行为相似[116]。在面心立方结构相形成过程中，原先密排六方结构相在 c 轴方向上的塑性应变能力得到了显著的调控。值得注意的是，面心立方结构相相较于密排六方结构相，其可激活的滑移系更为丰富。在后续的变形阶段，面心立方结构相中

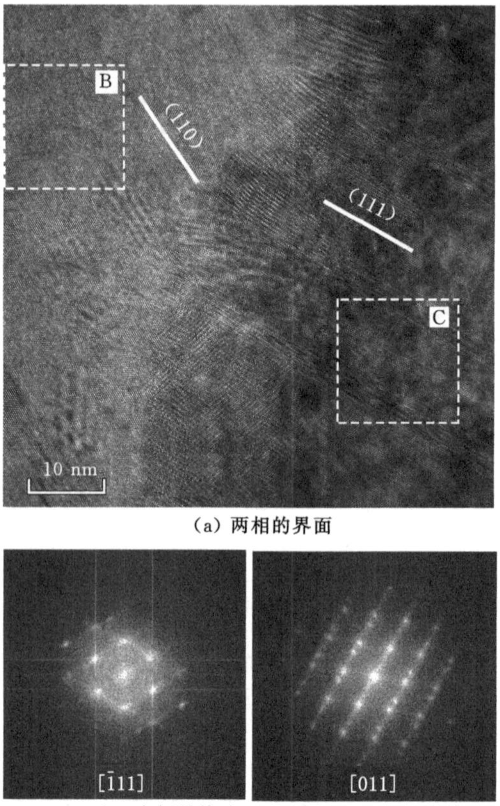

图 7-10 一个区域内 β 相的(110)晶面与面心立方结构相的(111)晶面间的夹角(大约为 27°)

多个滑移系的启动,导致了 β 相与面心立方结构相界面区域位错及层错结构的显著累积。在此情境下,合金需依赖 β 相与新生成的面心立方结构相之间相对晶体取向的调整,来协调并促进塑性变形的顺利进行。本试验中可以观察到,合金中 β 相的(110)晶面与新生成的面心立方结构相的(111)晶面之间,存在三种不同的夹角,分别为 3°、5°及 27°。这一现象是变形过程中,β 相与 α′相之间相互协调变形的结果。具体而言,首先在 α′相一侧诱发了密排六方结构相向面心立方结构相的转变,随后,两相晶体之间逐渐发生相对转动,从而形成了上述的夹角关系。

7.4.3 B 类与 P 类面心立方结构相间的协调变形行为

在前述研究中已阐明,在经历变形的试样中,除了变形能够诱导产生 B 型面心立方结构相变之外,合金内部还明确存在 P 型面心立方结构相。图 7-11(a)所示为一变形区域的高分辨率 TEM 图,图中左边被确定为 B 型面心立方结构相,右边被确定为 P 型面心立方结构相。由于 B 型面心立方结构相与密排六方结构相之间的晶体学取向关系为(0002)密排六方结构 ∥ (11$\bar{1}$)面心立方结构-B 以及＜2$\bar{1}\bar{1}$0＞密排六方结构 ∥ ＜011＞面心立方结构-B,P 类面心立方结构相与密排六方结构相之间的晶体学取向关系为(01$\bar{1}$0)密排六方结构 ∥

$(0\bar{1}1)$面心立方结构-P以及$\langle 0002\rangle$密排六方结构∥$\langle 200\rangle$面心立方结构-P,因此可确定B型面心立方结构相与P型面心立方结构相之间势必满足以下晶体学取向关系:$(\bar{1}\bar{1}1)$面心立方结构-B∥(001)面心立方结构-P以及$[\bar{1}10]$面心立方结构-B∥$[\bar{1}10]$面心立方结构-P。从图7-11中可知两类面心立方结构相界面呈阶梯状,如图中虚线所示,其由协调塑性变形形成。最新的研究结果表明B型面心立方结构相是由$1/3\langle 10\bar{1}0\rangle$型不全位错在每两个(0001)晶面上滑移形成的[56]。图7-11(b)为位错反应前示意图,图7-11(c)为位错反应后示意图。当B型相转变完成时,$1/3\langle 10\bar{1}0\rangle$型不全位错等效于面心立方结构相的$1/6\langle\bar{1}\bar{1}2\rangle$型不全位错,当$1/6\langle\bar{1}\bar{1}2\rangle$型不全位错在$(\bar{1}\bar{1}1)$晶面上滑移时遭遇B型与P型面心立方结构相之间的界面时,为协调相互之间的应变,该不全位错与B型与P型面心立方结构相之间的界面发生相应的位错反应,该$1/6\langle\bar{1}\bar{1}2\rangle$型不全位错会穿过两者的界面,从而转变成P型面心立方结构相的(001)晶面上的$1/2\langle\bar{1}\bar{1}0\rangle$型全位错。同时,在两相界面处会遗留下残余位错,其柏氏矢量恰好等于两者之间的差。这些残余位错正是导致两者界面上形成台阶的主要原因。此外,近期的研究通过分子动力学模拟进一步证实了两类面心立方结构相之间的界面存在协调变形行为[43]。

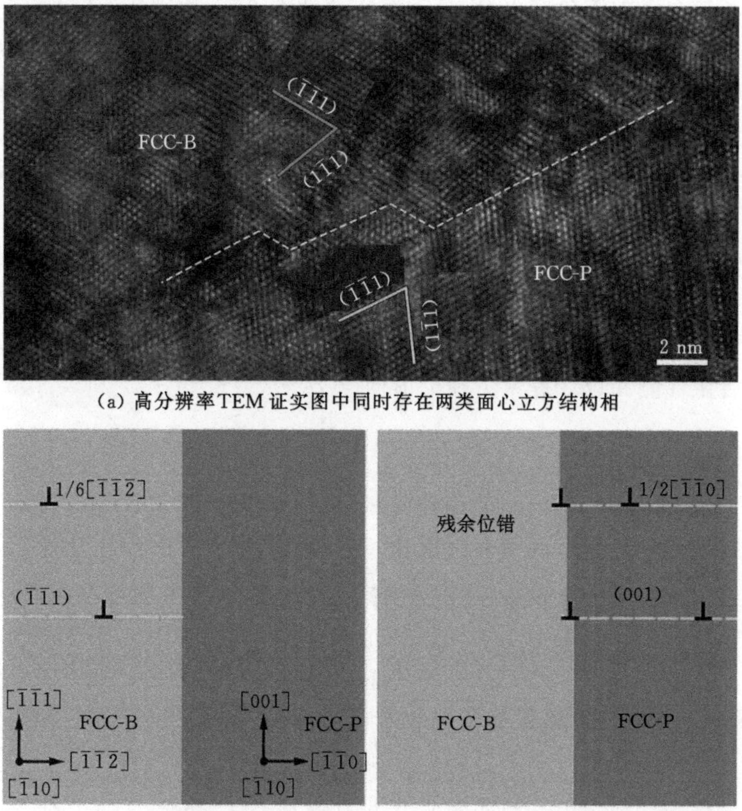

(a) 高分辨率TEM证实图中同时存在两类面心立方结构相

(b) 位错反应前示意图　　(c) 位错反应后示意图

图7-11　高分辨率TEM结果展示的新面心立方结构相以及两类面心立方结构相之间的协调变形行为

第 8 章 铝和钒对 B 类面心立方结构相转变的影响

8.1 引　　言

Ti-6Al-4V 钛合金中的合金元素，如铝(Al)和钒(V)，对滑移系及孪生系的启动具有显著影响。这些元素可以改变钛原子及其周围电子结构，来影响各滑移系和孪生系的启动[131]。在本试验中，B 类面心立方结构相转变现象尤为显著，这无疑与 Ti-6Al-4V 钛合金中的关键合金元素有关。为了更全面地理解这些相变行为的本质规律，需要从原子层面、电子结构以及原子键合机制等角度出发，深入探究这些合金元素对 B 类密排六方结构→面心立方结构相变的具体作用机制。这一研究将有助于更好地把握和理解这些相变现象。此外，相转变现象与合金在变形过程中产生的局部层错结构联系紧密。层错起始于晶体内部不全位错的滑移，随后这些层错区域经历扩展与演变，最终导致相变的发生。本部分研究采用第一性原理计算方法，从能量的视角重点研究了 Ti-6Al-4V 钛合金中的两种合金元素铝和钒对 B 类密排六方结构→面心立方结构相变过程中层错能的影响。通过分析电荷密度、态密度以及轨道哈密顿布居数(COHP)等关键参数的变化，从多个层面全面剖析了这一现象。这些微观层面的研究结果能够充分解释在试验中观察到的 B 类密排六方结构→面心立方结构相变现象。总的来说，本研究不仅为理解钛合金的相变行为提供了新的视角，而且为进一步优化合金性能和设计提供了理论依据。

8.2 计算研究方法

基于密度泛函理论的第一性原理计算，是一种用于从原子层面出发的自洽性计算的先进方法。通过逐个求解电子在多重系统下的薛定谔方程，这种方法可以揭示材料的性质，特别是物理和力学方面的本质特性[125]。此外，它有时也被称为“从头开始计算”。第一性原理计算作为一种关键的理论计算工具，因其能够深刻体现材料的物理实质，而受到广泛关注。近期，随着物理学和计算机科学领域的不断发展，第一性原理计算在物理学、化学、材料科学等多个领域被广泛采用。对于金属类材料，特别是在研究它们在受力条件下的响应时，采用第一性原理计算能够揭示其内在的变形机制和力学性能，这为研发和设计更优秀的材料提供了重要的理论依据。

8.2.1 薛定谔方程

忽略时间因素的薛定谔方程的简化形式为：

$$H\psi = E\psi \tag{8-1}$$

式中，H 指的是哈密顿量，ψ 代表电子波函数，E 表示每一个 ψ 对应的本征值。哈密顿量的确切表达依赖所研究的物理系统。在计算材料科学领域，对于由多个粒子构成的系统，通常采用薛定谔方程对其进行描述。薛定谔方程在这一特定的多粒子系统中具有如下形式：

$$\left[-\frac{h^2}{2m}\sum_{i=1}^{N}\nabla_i^2+\sum_{i=1}^{N}V(\overrightarrow{r_i})+\sum_{i=1}^{N}\sum_{j<i}U(\overrightarrow{r_i},\overrightarrow{r_j})\right]\psi=E\psi \tag{8-2}$$

式中，括号内三项分别代表了电子动能项、电子与原子核间势能项、电子间势能项。ψ 表示电子波函数，E 表示电子基态能。该方程由于未包含时间变量，故可视为静态的薛定谔方程。

根据单一电子近似的原理，当处理 N 个电子的波函数时，可以将其简化为单电子波函数的线性组合。在这种情况下，电子波函数能够用 Hartree(哈特里)乘积来表示[126]：

$$\psi=\psi_1(\vec{r})\psi_2(\vec{r})\cdots\psi_N(\vec{r}) \tag{8-3}$$

忽略了电子间相互作用，使得求解薛定谔方程的计算负担大幅减少。尽管如此，薛定谔方程的求解实际上涉及一个多电子系统。因此，Fork(福克)等提出将前述函数改用 Slater(斯莱特)行列式的形式，从而引出了著名的 Hartree-Fock 方程，这个方程在单电子近似的基础上增加了对电子间相互作用的考虑，从而弥补了之前模型中的缺陷。

8.2.2　密度泛函理论

许多科研人员正致力于优化对薛定谔方程内电子波函数的计算方法。然而，值得强调的是，在特定的坐标系中，电子的波函数并不是直接可观测的，人们能够观察的只是 N 个电子在特定坐标系下出现的概率，电荷密度实际上是这些概率的累加，即

$$n(r)=2\sum_i\psi_i^*(r)\psi_i(r) \tag{8-4}$$

式中，"2"为考虑电子自旋的因子，"＊"表示共轭复数。根据泡利不相容原理，单个电子的波函数可以由不同自旋的两个电子共享。在这里，电荷密度仅由三个空间坐标确定，将电子波函数的计算简化为电荷密度的求解，可以有效减少计算的复杂度。20世纪30年代，Hohenberg(霍恩伯格)与 Kohn(科恩)等科学家依据这一思路，提出了现在被广泛使用的理论，即密度泛函理论。值得注意的是，密度泛函理论的形成是建立在两个已被证实的数学原理上的：首先，薛定谔方程得到的基态能量只为电荷密度提供了一个泛函；其次，在能量泛函最小化时所对应的电荷密度即是薛定谔方程在实际电荷状况下的准确解。依据密度泛函理论，能量泛函可由下式表达：

$$E[n(r)]=T[n(r)]+V[n(r)]+E_{XC}[n(r)] \tag{8-5}$$

该式等号右边三项分别表示体系全部的动能项、势能项、原子核与原子核以及原子核与电子之间的相互作用项。然而，所述公式中所包含的动能和势能的具体计算方式尚未指明。Kohn 和 Sham(沈)为了解决这个问题，提出了相应的 Kohn-Sham 公式(K-S 方程)[132]：

$$\left[-\frac{h^2}{m}\nabla^2+V(r)+V_{\mathrm{H}}(r)+V_{\mathrm{XC}}(r)\right]\psi_i(r)=\varepsilon_i\psi_i(r) \tag{8-6}$$

式中，V 代表原子核与电子之间的相互作用势。V_{H} 代表 Hatree 势，也就是单个电子与体系全部电子间的相互作用势，表达为：

$$V_{\mathrm{H}}=\mathrm{e}^2\int\frac{n(r')}{|r-r'|}\mathrm{d}^3r' \tag{8-7}$$

交换关联势通过 V_{XC} 来表示，具体计算式为：

$$V_{XC}(r)=\frac{\delta E_{XC}(r)}{\delta n(r)} \tag{8-8}$$

采用迭代方法来解决 K-S 方程。首先是利用初始电荷密度来计算电子波函数。其次，根据计算得到的电子波函数，推算出新的电荷密度。然后，对比新旧电荷密度是否相同。若电荷密度匹配，则可确认其为系统的基态电荷密度，用于计算整个系统的总能量。如果存在差异，则需要对参数进行调整，再次进行迭代过程。这一连续的计算过程被称作自洽求解过程。

8.2.3 交换关联泛函

科学家经过辛勤研究，已经开发出一种自洽解决方案，用以求解薛定谔方程。然而，尽管这一过程确认了交换关联泛函的必要性，但其确切形式仍是一个未解之谜。假如人们运用均匀电子气模型进行近似，即假设电荷密度在任何空间位置都维持不变，交换关联泛函则可以以某种特定方式表达：

$$V_{XC}(r)=V_{XC}[n(r)] \tag{8-9}$$

局域密度近似（LDA）通过拟合已确定的基准点来形成特定的交换关联泛函表达式。尽管 LDA 是一幅泛函图像，它却无法精确地推测尺度较大的电荷密度梯度变化体系，如团簇或分子等。

在金属材料体系的研究中，一种与交换关联泛函相关的方法被广泛应用，这种方法便是广义梯度近似（GGA）。在 GGA 的框架下，交换关联泛函的表述不仅仅依赖局部电荷密度，而且包括了电荷密度梯度项，以更准确地刻画体系的特性。即

$$V_{XC}(r)=V_{XC}[n(r),\nabla n(r)] \tag{8-10}$$

其常用的泛函形式为 Perdew-Wang（佩卓-王）91（PW91）泛函和 Perdew-Burke（伯克）-Ernzerhof（恩泽霍夫）（PBE）泛函[133-134]。

8.3 铝和钒对层错能的影响

8.3.1 准随机近似法建立模拟胞

本部分采用基于第一性原理的密度泛函理论进行计算，即采用维也纳大学开发的 VASP 软件包来进行计算。在计算过程中，为了更准确地描述电子间的相互作用，采用了 GGA-PBEGGA-PBE 交换关联泛函进行结构优化和自洽计算。在构建模拟晶胞时，需要特别注意其精确性。采用了 48 个原子的 2×2×12 超胞结构，同时设置了 15 Å 的真空层以避免周期性边界条件的干扰。在设定计算精度方面，选择了较高的标准，例如将截断能设定为 500 eV，对布里渊区积分进行采样选择 7×7×1 Monkhorst Pack 网格 k 点。此外，对力和能量的收敛标准进行了设置，分别为 20 m $eVÅ^{-1}$ 以及 0.01 meV。为了实现原子理想随机排布的模拟，需要借助 ATAT 软件包中的特殊准随机近似结构（SQS）代码。SQS 是一种精心设计的周期性模拟胞，其特点在于体积小且包含的原子数量有限，但能够精确模拟置换随机固溶体中的近邻原子对以及多点关联函数。在超胞结构中，特别关注原子对的关联函数，

将其截取至第三近邻以保障计算的准确性。层错能的计算采用过渡态搜索理论中的 CINEB(climbing-image nudged elastic band)方法，该方法能够高效地搜索并确定不稳定层错能位置所对应的过渡态结构。使用该方法需要对初态和末态结构进行结构优化，然后将 9 个形成层错的中间结构插入初态和末态结构之间，用 CINEB 的方法，对这 9 个结构进行优化，其中，某一特定结构会自动寻求并达到体系能量的最高值，即广义层错能曲线的顶点，其所对应的能量值即为不稳定层错能。

在研究 Ti-6Al-4V 钛合金马氏体时，了解固溶元素铝与钒对相转变过程的影响至关重要。首先需要明确这两种元素在合金马氏体组织中的真实分布。对于标准的 Ti-6Al-4V 钛合金，其微观组织结构包括 α 相与 β 相，而马氏体组织则主要由 α′相组成，因此，α′相中铝与钒元素的比例成为关注的重点，它代表了合金的真实成分构成。根据规范，Ti-6Al-4V 钛合金中铝的含量应控制在 5.5%～6.8%之间，钒的含量则应在 3.5%～4.5%的范围内。其他如 Fe、C、N、H、O 等元素被视为杂质元素，含量较低。剩余部分则主要是钛。这些成分范围均以质量百分比形式给出。因此，在构建模拟晶胞时，需要确保满足上述成分要求。

本部分研究主要是构建一个包含 48 个原子的模拟晶胞，其中包含 41 个钛原子、5 个铝原子和 2 个钒原子。这个模拟晶胞由 12 层原子均匀堆叠而成，每层含有 4 个原子。随后采用准随机性近似(SQS)方法，旨在精确模拟并确定固溶体晶格结构的理想随机状态。在利用 SQS 方法的过程中，固溶原子会在体系中寻找自身的平衡位置。为了确保这些原子有足够的时间找到稳定位置，特意选择了 6 种图 8-1 所示的 SQS 结构，这些 SQS 结构为我们提供了更深入地理解固溶体行为的方式。以上就是在这个研究项目中采取的方法和步骤。通过这些方法，希望能够更准确地了解 Ti-6Al-4V 钛合金中固溶原子的分布及其对 B 类密排六方结构→面心立方结构相变过程的影响。

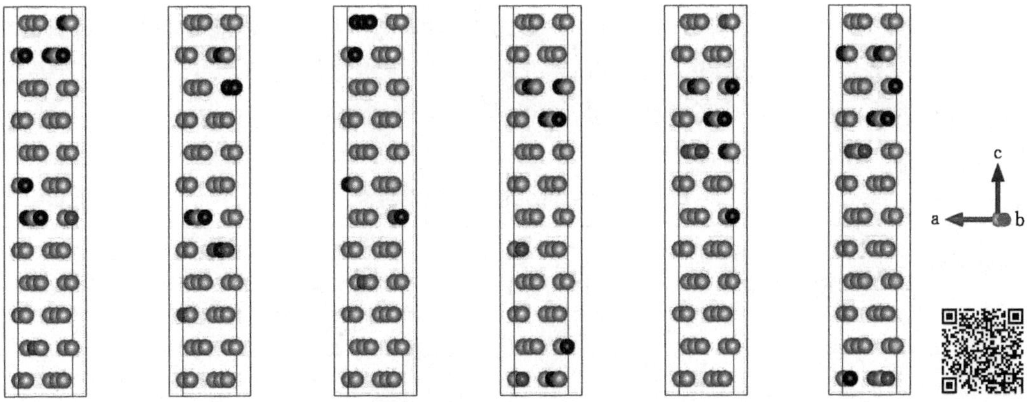

注：蓝色、黑色、红色分别表示钛、铝、钒原子。

图 8-1　合金原子在密排六方结构钛中的分布

图 8-1 所示为合金原子在密排六方结构钛中的分布情况。假如任意的(0001)晶面都可以当作层错面，那么(0001)晶面(层错面)两侧原子排布分为以下 8 种情况：① 层错面两侧均为钛原子 (纯钛)；② 层错面一侧存在一个铝原子 (1 铝)；③ 层错面一侧存在一个铝原子以及一个钒原子 (铝＋钒)$_1$；④ 层错面一侧存在一个铝原子，另一侧存在一个钒原子 (铝＋钒)$_2$；⑤ 层错面一侧存在一个钒原子 (1 钒)；⑥ 层错面一侧存在两个铝原子 (2 铝$_1$)；⑦ 层

错面两侧各存在一个铝原子（2 铝$_2$）；⑧ 层错面一侧存在一个铝原子以及一个钒原子，另一侧存在一个铝原子（2 铝＋钒）。面心立方结构相中的铝原子与钒原子的分布情况与密排六方结构相的类似。

8.3.2 铝和钒对层错能的影响

为了全面研究 SQS 计算结果，并有效规避层错面以外的铝与钒元素在 B 类密排六方结构→面心立方结构相转变过程中可能产生的不利影响，需在层错面上构建上述 8 种情形的模拟胞。建立模拟胞以后，所有 8 种情形下，层错面原子发生 $1/3\langle 10\bar{1}0\rangle$不全位错的滑移后，即在局部发生了密排六方结构→面心立方结构相转变，再分步计算整个滑移过程的能量，即可获得所有情形下的(0001) $\langle 10\bar{1}0\rangle$广义层错能曲线。在面心立方结构→密排六方结构相转变的过程中，同样需要构建涵盖上述 8 种层错类型的模拟晶胞。建立模拟胞以后，所有 8 种情形下，层错面原子发生 $1/6\langle 11\bar{2}\rangle$不全位错的滑移后，即在局部发生了面心立方结构→密排六方结构相转变，再分步计算整个滑移过程的能量，即可获得所有情形下的$\{111\}$ $1/6\langle 11\bar{2}\rangle$广义层错能曲线。

铝和钒引起的层错能变化如表 8-1 所示。图 8-2 所示为以表 8-1 的结果绘制成的广义层错能曲线。文献[99]中报道的纯钛的不稳定层错能和固有层错能分别为 401 mJ/m^2 与 306 mJ/m^2，本试验计算结果与其接近。对于本试验计算结果而言，从总体上看，全部广义层错能均先上升到最高点后，然后下降。由图 8-2(a)可以看出，对于密排六方结构→面心立方结构相转变，纯钛的不稳定层错能和固有层错能最高。在层错面附近，两种合金元素均展现出显著的能力，即能够有效地降低不稳定层错能和固有层错能的值。特别是两个铝原子在层错面两侧情形下，不稳定层错能和固有层错能分别下降了高达 52.3%及 53.6%。本计算结果与文献[99]中报道的单个铝原子或钒原子能够降低不稳定层错能和固有层错能的结果相同。由图 8-2(b)可以看出，对于面心立方结构→密排六方结构相转变，在 1 铝、2 铝$_1$及 2 铝＋钒情形下，均能起到升高不稳定层错能和固有层错能的效果。

表 8-1　铝和钒引起的层错能变化　　单位：mJ/m^2

元素状态	密排六方结构的不稳定层错能	密排六方结构的固有层错能	面心立方结构的不稳定层错能	面心立方结构的固有层错能
纯钛	414.93	302.10	54.84	－170.78
1 铝	323.95	208.24	55.53	－132.49
(铝＋钒)$_1$	209.10	153.99	26.43	－106.81
(铝＋钒)$_2$	270.17	162.59	53.71	－114.19
1 钒	295.63	238.19	22.62	－146.32
2(铝$_1$)	297.34	226.43	105.60	－73.13
2(铝$_2$)	198.12	140.21	4.91	－87.75
2 铝＋钒	202.49	99.89	60.02	－61.65

在理解合金元素对相转变层错能影响的基础上，需要深入探讨试验中的相关现象。首

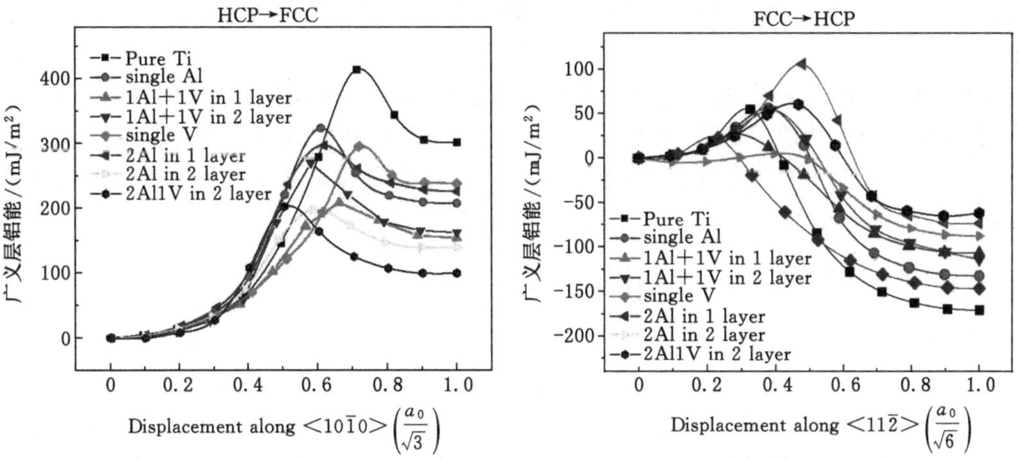

(a) (0001)<10$\bar{1}$0>　　(b) {111}<11$\bar{2}$>

注：Displacement along…—沿着该方向的位移；Pure Ti—纯钛；Single Al—1 铝；1Al+1V in 1 layer—(铝+钒)$_1$；1Al+1V in 2 layer—(铝+钒)$_2$；Single V—1 钒；2Al in 1 layer—2(铝$_1$)；2Al in 2 layer—2(铝$_2$)。2Al1V in 2 layer—2 铝+钒。

图 8-2　纯钛与掺杂铝和钒元素后材料的广义层错能曲线

先，FLM 在拉伸变形过程中触发了密排六方结构→面心立方结构相转变，这一现象的背后原因可以通过分析铝和钒元素的作用来解释。这两种合金元素能够有效地降低固有层错能，即降低完成相转变所需的能量障碍，从而积极促进密排六方结构→面心立方结构相的转变过程。近期的研究指出，纯钛在拉伸载荷下主要诱发 P 类密排六方结构→面心立方结构相转变[44]，而没有诱发 B 类密排六方结构→面心立方结构相转变。研究结果间接证明了 Ti-6Al-4V 钛合金中合金元素对 B 类密排六方结构→面心立方结构相转变的促进作用。其次，尽管面心立方结构相是钛合金中的亚稳相[124]，但在本研究中，Ti-6Al-4V 钛合金经历拉伸变形过程后，面心立方结构相能够保持良好的形态。这与其他钛合金中形成的面心立方结构相的稳定性存在差异。以亚稳态 β 型 Ti-5Al-5Mo-5V-1Cr-1Fe 钛合金为例[59]，通过热轧工艺的应用，可以实现密排六方结构→面心立方结构相的转变。同时，热轧后形成的新面心立方结构相显著增强了该合金的拉伸强度和塑性。然而，在拉伸变形过程中，面心立方结构相会逐渐消失，经历一个结构转变过程，最终逆向转变为密排六方结构。另外，Ti-20Zr-6.5Al-4V钛合金在高温固溶和淬火后也会形成面心立方结构相[63]。然而，这些面心立方结构相在后续的退火过程中同样会发生逆向转变。与此不同的是，Ti-6Al-4V 钛合金马氏体组织在采用高压扭转技术实现大塑性变形后，密排六方结构相会转变为面心立方结构相。经过多次处理后，面心立方结构相的比例可显著提升，并在退火过程中展现出极高的稳定性[12]。

特别值得注意的是，Ti-6Al-4V 钛合金的 FLM 组织在变形过程中经历了显著的精细结构变化。其中最突出的变化是变形过程诱导了大量 B 类面心立方结构相的生成，且这些面心立方结构相能够在变形态的组织结构中稳定存在。这种稳定性得益于过饱和固溶体中合金元素的贡献。在相转变过程中，面心立方结构相若要转变为更为稳定的密排六方结构相，需要跨越一定的能量障碍。钒元素的引入降低了这一能量障碍，促进了反向转变的发生，而铝元素的加入则提高了能量障碍,对反向转变产生了抑制作用,从而稳定了面心立方结构相。

当前,通过大塑性变形手段,包括超声滚压、高压扭转、高能表面喷丸等技术对 Ti-6Al-4V 钛合金进行变形处理后,可以形成稳定的面心立方结构相。这些技术与合金元素的作用密切相关,共同影响着钛合金的相结构和性能。这些研究和试验结果为深入理解钛合金的相变行为和优化其性能提供了重要的参考。

8.3.3 铝和钒的近邻位置对层错能的影响

为了深入理解合金元素在固溶体中不同近邻位置对相转变过程的影响,需要关注在不同位置处存在的合金元素对层错能的影响。接下来进一步探讨与层错面不同距离处的合金元素如何影响层错能。如表 8-2 所示,合金元素在固溶体中的位置对密排六方结构→面心立方结构相转变不稳定层错能以及固有层错能有着显著的影响。尤其值得注意的是,表中最近邻位置以“0”标记,这一细节在理解合金元素影响密排六方结构→面心立方结构相转变行为时至关重要。图 8-3 则直观地展示了表 8-2 中的数据,从中可以观察到密排六方结构相向面心立方结构相的转变过程中铝与钒的掺杂位置对不稳定层错能以及固有层错能的显著影响。在最近邻位置、次近邻位置以及第三近邻位置,合金元素对密排六方结构→面心立方结构相转变的影响呈现出一种近似线性的趋势。特别是在面心立方结构→密排六方结构相的反向转变过程中,铝元素的位置对不稳定层错能的影响较小,而钒元素的位置则产生了显著影响。在最近邻情况下,不稳定层错能的数值高达 22.62 mJ/m^2,而在次近邻情况下,这一数值更是显著提升至 51.65 mJ/m^2。此外,铝与钒的位置同样对固有层错能产生较大影响,特别是在从最近邻到次近邻的情境下,固有层错能出现了明显的下降。基于这些观察结果,可以得出结论:在确保合金成分设计合理的前提下,适当增加钛合金中铝和钒元素的含量,可以有效地增强合金在变形过程中诱发 B 类面心立方(面心立方结构)相转变的能力。这一改变将积极改善合金的力学性能,使其在各种应用场景下表现出更优异的性能。因此,对于合金的设计和优化,必须深入理解并考虑合金元素在固溶体中的位置及其对相转变过程的影响。

表 8-2 铝和钒的位置对密排六方结构→面心立方结构相转变层错能影响

单位:mJ/m^2

位置	密排六方结构的不稳定层错能(铝)	密排六方结构的固有层错能(铝)	密排六方结构的不稳定层错能(钒)	密排六方结构的固有层错能(钒)	面心立方结构的不稳定层错能(铝)	面心立方结构的固有层错能(铝)	面心立方结构的不稳定层错能(钒)	面心立方结构的固有层错能(钒)
0	323.95	208.24	295.63	238.19	58.53	−132.49	22.62	−146.32
1	346.42	234.60	351.06	266.38	63.10	−150.62	51.65	−163.62
2	395.00	295.90	387.95	283.67	65.37	−158.76	50.65	−162.26
3	404.80	305.24	396.12	294.81	56.92	−161.41	58.45	−161.66
4	408.92	300.33	396.66	298.82	58.93	−166.89	53.25	−163.35
5	403.38	303.68	399.51	300.19	60.04	−166.09	53.64	−154.55

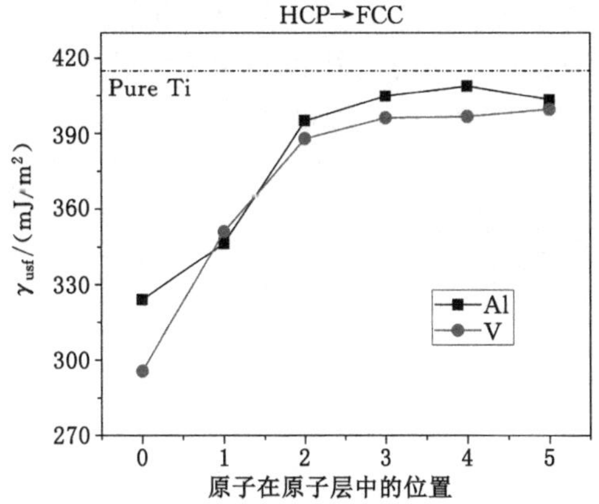

(a) 密排六方结构向面心立方结构相转变 γ_{usf}(不稳定层错能)值

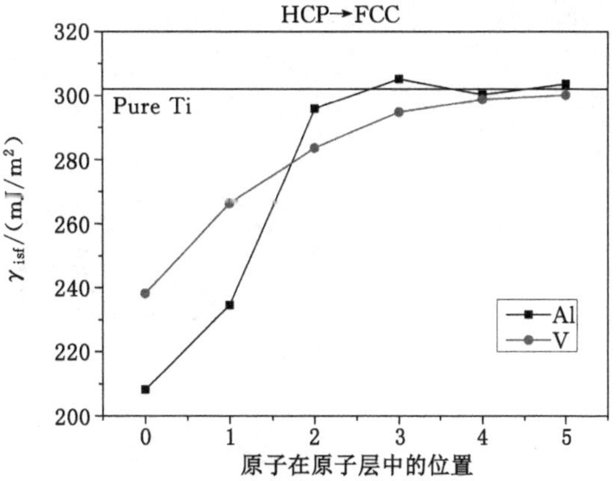

(b) 密排六方结构向面心立方结构相转变 γ_{isf}(固有层错能)值

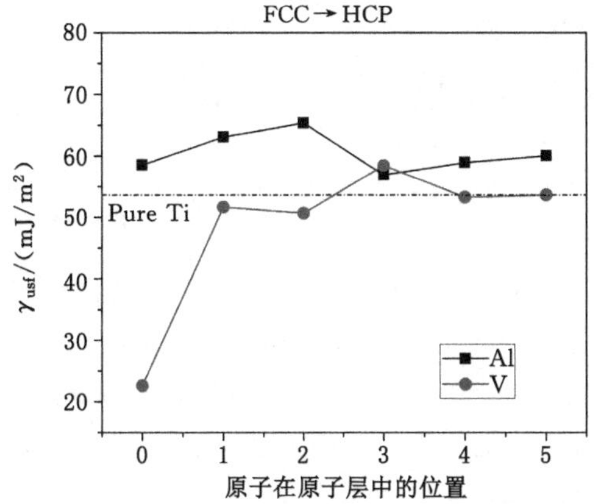

(c) 面心立方结构相向密排六方结构转变 γ_{usf}值

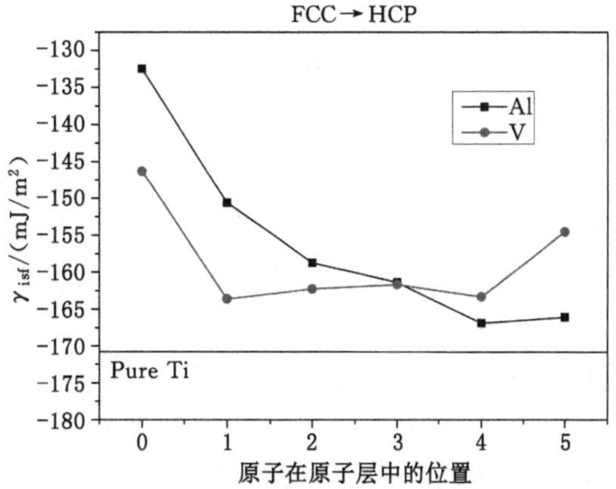

(d) 面心立方结构相向密排六方结构转变 γ_{isf}值

图 8-3　Al 和 V 在不同层错面位置对相转变的影响

8.4　铝和钒对层错能影响的机理分析

8.4.1　铝和钒对电荷密度的影响

为了更深入地理解钛基体中铝和钒元素融入后的物理变化，首先需要探究铝和钒元素融入后电荷密度分布的变化。从金属学的视角来看，电荷密度在相转变过程中的变化规律，是揭示广义层错能变化本质的关键。为了更精细地解析这一过程，需选出一系列典型的状态作为分析的切入点，分别选取初态、不稳定层错能处以及终态。通过详细剖析这些状态下的原子排列和电荷分布，能更透彻地了解相变过程中的电荷密度变化。为了使电荷密度图的呈现更为直观明了，采用了将晶胞尺寸人为扩大两倍的方法。

要理解下面所述的关于纯钛密排六方结构在经历一层不全位错滑移操作后的电荷密度变化，首先需关注其结构特点。如图 8-4 所揭示的那样，该结构在特定的第 6 与第 7 层之间发生了一种不全位错滑移现象。滑移导致局部形成面心立方结构。注意到层错面的位置，它位于第 6 和第 7 层之间。因此，对层错面附近原子间电荷密度的分析显得尤为重要。根据电荷密度图分析，电荷密度的分布显示出钛—钛键的方向性特征非常明显。这体现在钛与钛之间聚集了较多的电荷。值得注意的是，在不全位错滑移的过程中，电荷密度并未出现显著变化。这一事实表明，在整个滑移过程中，钛原子与钛原子之间存在着强烈的交互作用。

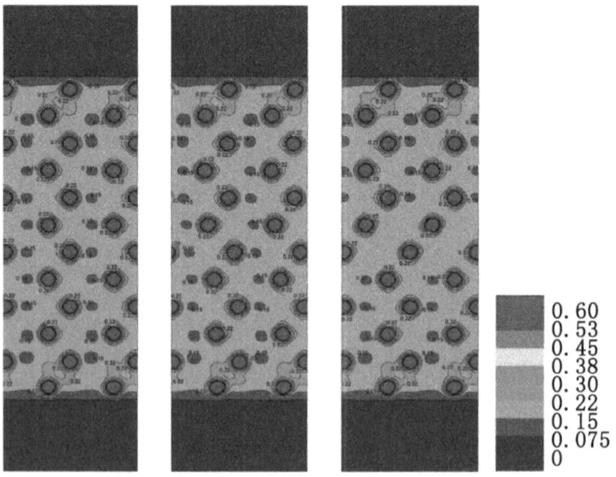

图 8-4　纯钛密排六方结构→面心立方结构相转变过程的电荷密度分布

图 8-5 所示为当在钛基体中加入铝和钒元素以后的密排六方结构→面心立方结构相转变过程中的电荷密度图。根据图示分析，可以明确观察到铝原子周围的电荷分布相对较少，而钒原子则呈现出较多的电荷围绕。转变过程中层错面上的铝—钛、铝—铝、钒—钛、钒—铝键被破坏，并伴随新键形成。与纯钛相比，层错面上的铝—钛、铝—铝、钒—钛及钒—铝键之间的电荷发生了显著变化，具体表现为电荷的明显转移。

图 8-6 所示为面心立方结构相的纯钛电荷密度分布，电荷密度分布无论在初态、不稳定层错能处、终态都没有明显的变化。当铝和钒引入后，如图 8-7 所示，与密排六方结构相类似，铝原子周围电荷分布较为稀疏，而钒原子则呈现出较为密集的电荷。在整个转变过程中，电荷密度有显著的变化。

8.4.2　态密度分析

下面基于相变前后态密度的改变，研究铝—钛、钒—钛、铝—钒三种化学键的作用。以下将从三个不同的状态出发展开研究，即分别研究初始结构(Initial)、中间势垒结构(TS)、最终结构(Final)。

在密排六方结构相到面心立方结构相过渡时，铝—钛键态密度如图 8-8(a)所示。原始铝的 p 轨道和钛的 s、p 轨道的电子在−0.5 eV 处存在很小的杂化峰。在中间势垒结构中，观察到铝的 p 轨道电子与钛的 d 轨道电子在能量约为−0.8 eV 处存在很小的杂化峰。此外，铝的 p 轨道电子还与钛的 p 轨道及 d 轨道电子在能量约为−0.4 eV 处展现出微弱的杂化效应，同样形成了杂化峰。最终结构铝的 p 轨道与钛的 p、d 轨道电子在能量约为−0.4 eV的区域内，存在微弱的杂化峰现象。根据以上分析可以得出结论，在所述三种状态下，铝—钛之间的键合作用并不强。

钒—钛键态密度如图 8-8(b)所示。在初始及中间势垒结构的钒中，其 p、d 轨道与钛元

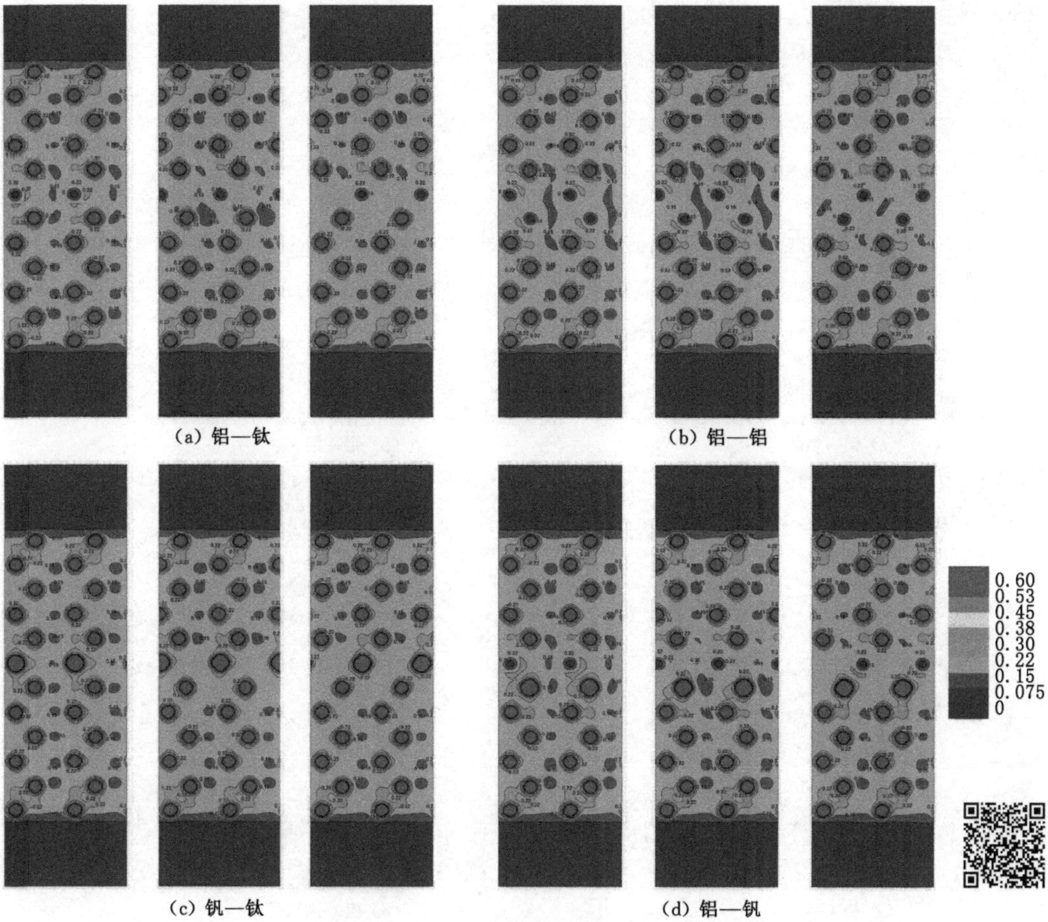

图 8-5　铝和钒添加后密排六方结构→面心立方结构相转变过程的电荷密度分布

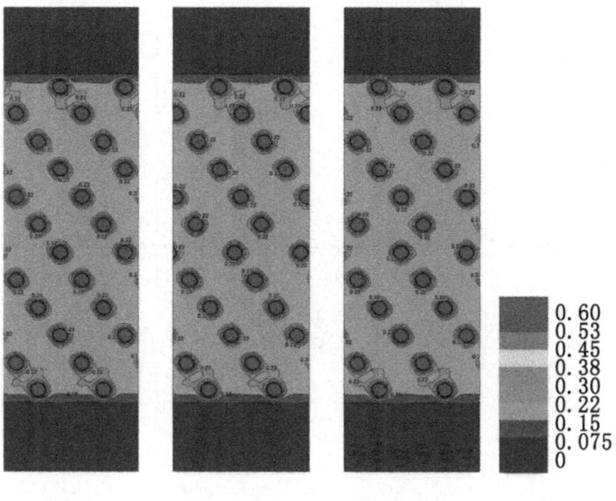

图 8-6　纯钛面心立方结构相向密排六方结构

相转变电荷密度分布图

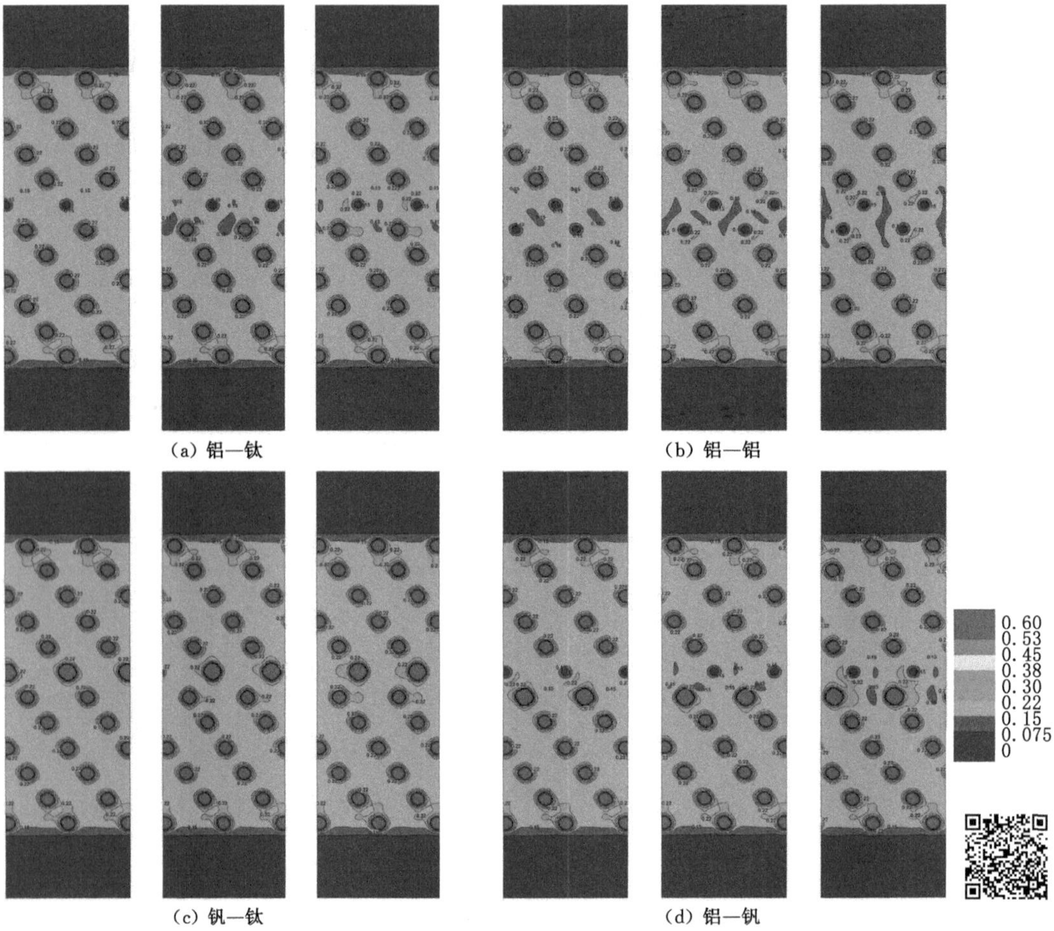

图 8-7 面心立方结构相向密排六方结构相转变电荷密度分布图

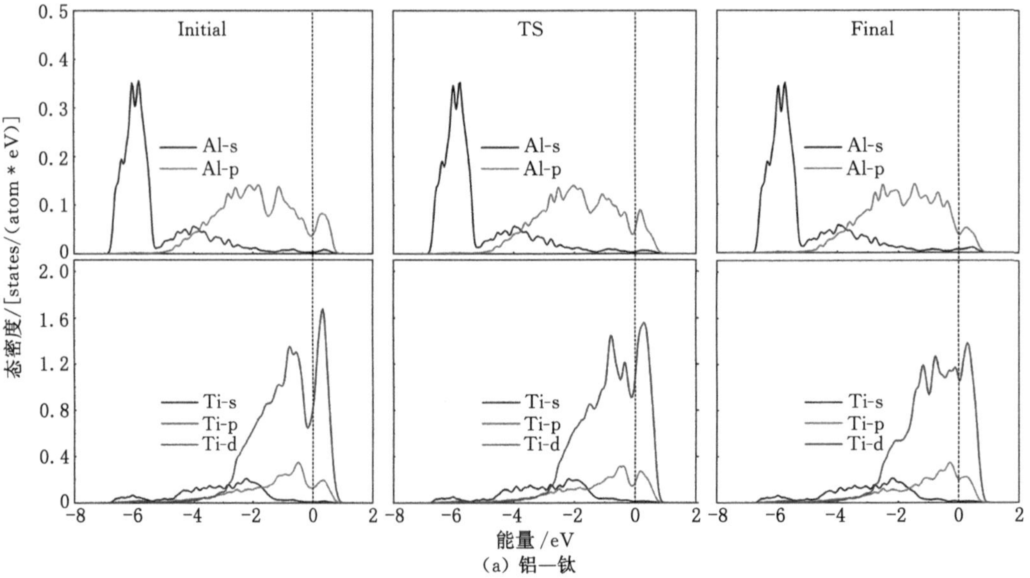

图 8-8 密排六方结构→面心立方结构相变过程中的态密度变化

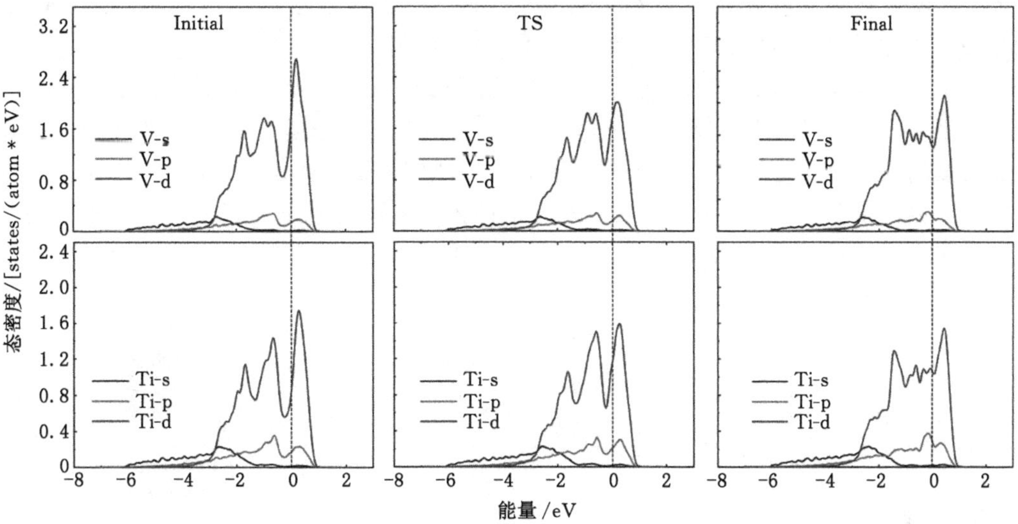

(b) 钒—钛

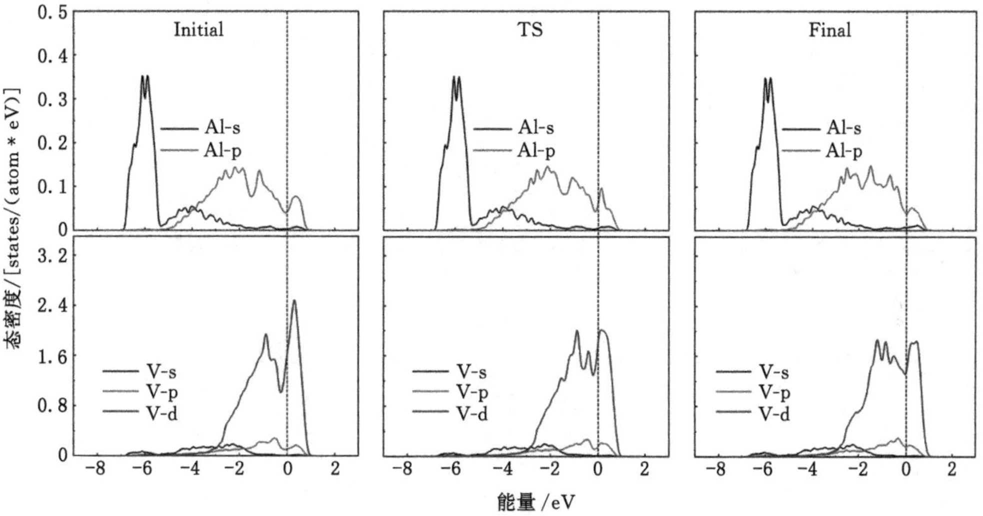

(c) 铝—钒

图 8-8(续)

素的 p、d 轨道电子在能量为−0.7 eV 的位置展现出显著的电子共振峰，并且钛的 d 轨道电子与钒的 d 轨道在−1.8 eV 处有强烈的电子共振峰。在最终结构中，钒与钛的 p、d 轨道电子于能量范围介于−1.5 eV 至费米能级附近，观察到了显著的电子共振峰现象。这充分证明了在三种不同状态下，钒—钛之间的键合作用均展现出极强的稳定性与强度。

对于铝—钒键，如图 8-8(c)所展示，无论是在初始结构、中间势垒结构还是最终结构下，均未观察到铝的 s、p 轨道电子与钒的 s、p、d 轨道电子之间产生明显的共振现象。由此说明三种状态下铝和钒之间的键合作用较弱。

面心立方结构→密排六方结构相转变时，对于铝—钛键态密度，如图 8-9(a)所示。初始结构铝与钛的 p 轨道电子与 s、p 轨道电子在−0.5 eV 处的杂化峰很微弱。在中间势垒及最终结构中，铝的 p 轨道电子与钛的 d 轨道电子在能量约为−1 eV 处存在微弱的杂化现象，形成杂化峰。铝的 p 轨道电子与钛的 p、d 轨道电子在能量约为 −0.4 eV 处也展现出微弱杂化峰。由此说明三种状态下铝—钛之间的键合作用很弱。

对于钒—钛键，如图 8-9(b)所示。不论是最终结构，还是初始结构、中间势垒结构，在能量范围从 −2.5 eV 至费米能级附近，钒元素的 p、d 轨道与钛元素的 p、d 轨道电子之间，存在明显的共振峰。由此说明三种状态下，钒—钛之间的键合作用很强烈。

对于铝—钒键，如图 8-9(c)所示。最终结构铝的 p 轨道电子与钒的 d 轨道电子在 −1 eV 及 −0.6 eV 附近存在微弱的共振峰。由此说明初始结构、中间势垒结构及转变完成状态下铝—钒之间的键合作用较弱。

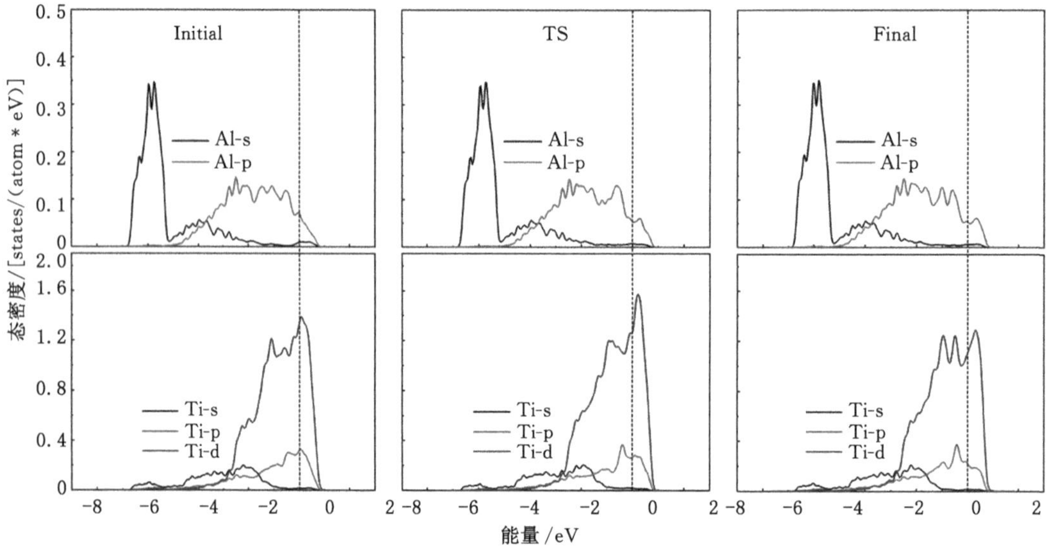

(a) 铝—钛

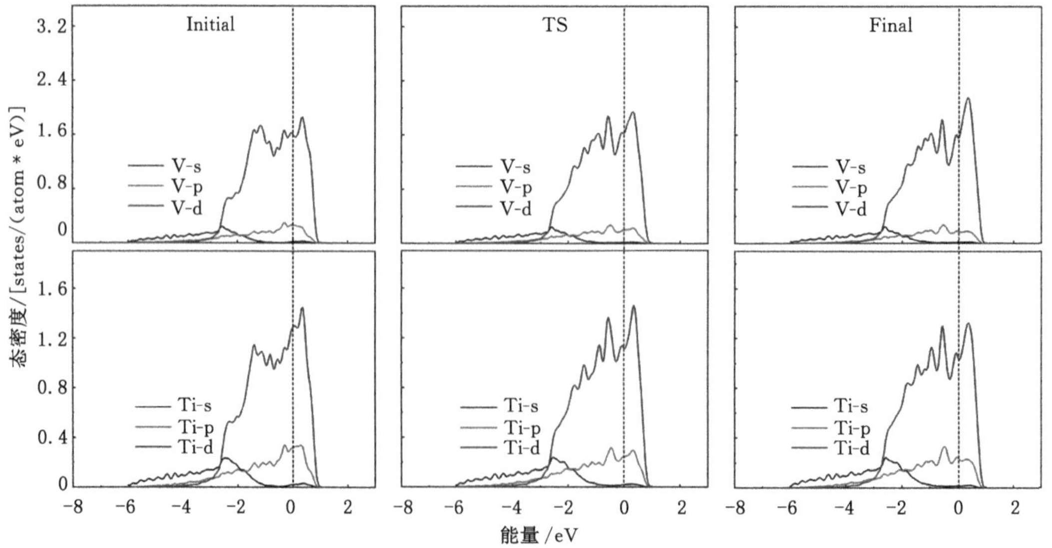

(b) 钒—钛

图 8-9　面心立方结构→密排六方结构相转变过程中的态密度变化

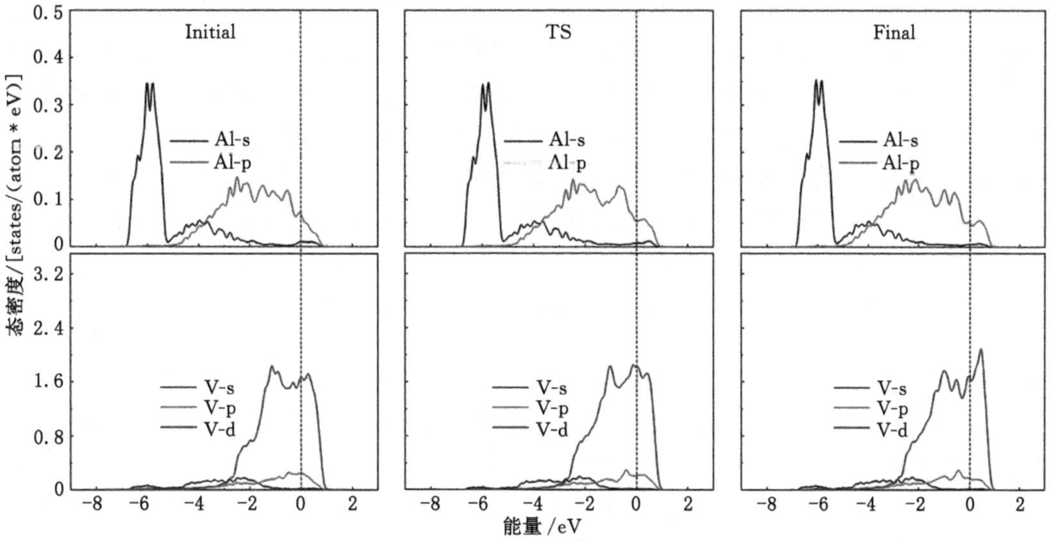

(c) 铝—钒

图 8-9(续)

8.4.3 轨道哈密顿布居数分析

轨道哈密顿布居数(COHP)能够影响能带结构的能量级别,使其升高或降低,这一特性使其成为特定能量区间的化学键的显著标志,并且可以量化键的强度。所以金属中原子之间的键强可以通过 COHP 判断。当 COHP 值为负时,意味着原子间形成了化学键,且负值绝对值越大,键的强度越高。在纯钛中,钛—钛键的强度与在添加了铝和钒合金元素的纯钛中形成的钛—铝和钛—钒键强度存在明显差异。鉴于此,需要对纯钛及其合金化后的钛—铝和钛—钒键在不同层原子间以及同一层原子间的 COHP 进行计算,以探究铝与钒对相变的作用。图 8-10 展示了纯钛的密排六方结构中第 5～8 层钛原子的堆叠顺序和原子编号,考虑到密排六方结构→面心立方结构转变时,层错出现在第 6 层与第 7 层之间,因此在分析铝和钒合金元素对 COHP 影响时,以铝和钒替换第 6 层或第 7 层中的钛原子。

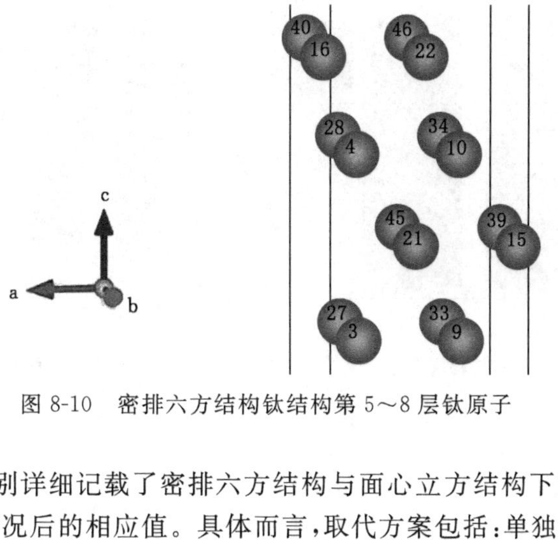

图 8-10　密排六方结构钛结构第 5～8 层钛原子

表 8-3 与表 8-4 分别详细记载了密排六方结构与面心立方结构下纯钛的 COHP 值,并扩展至不同取代原子情况后的相应值。具体而言,取代方案包括:单独在第 7 层引入一个铝

原子(标识为 1 铝)、单独在第 7 层引入一个钒原子(标识为 1 钒)、在第 6 层与第 7 层各自独立引入一个铝原子(合计标识为 2 铝),以及在第 6 层与第 7 层同时引入一个铝原子与一个钒原子(组合标识为 1 铝 1 钒)。尽管取代原子的编号存在差异,但各取代情况在晶体结构中的位置坐标保持一致。例如,在纯钛结构中,位于第 7 层的钛 10 原子可以被铝 48 原子所替代,这一替代过程导致原有的钛 15—钛 10 原子对转变为钛 14—铝 48 原子对。从表中可以看出,铝与钒加入后层与层之间的铝—钛、铝—铝、铝—钒键强增强,钒—钛键强减弱,如表中加粗的键所示。

然而,仅依赖层与层之间原子间的 COHP 分析,难以充分揭示铝和钒对层间启动不全位错滑移导致密排六方结构→面心立方结构相转变的实质性影响。鉴于此,有必要对层内各原子间的 COHP 以及层与层之间的 COHP 进行更为详尽且深入的分析。

为了更明确地阐述铝和钒对 COHP 的影响,有必要对密排六方结构与面心立方结构结构中的层间及原子层内的平均 COHP 进行统计分析。如图 8-11(a)与图 8-11(c)所示,在这两种晶体结构中,铝和钒的引入对层间原子间 COHP 的影响均极小。然而,铝和钒的引入对层内各原子间的 COHP 产生了显著影响。具体而言,如图 8-11(b)与图 8-11(d)所示,层内原子的 COHP 值相较于纯钛而言,呈现出大幅度增加的趋势。这也在一定程度上表明,由于合金元素铝和钒的引入,Ti-6Al-4V 钛合金中 α 相的(0001)晶面或面心立方结构相的{111}晶面之间的键合强度被削弱,进而增大了晶面间相对滑动的倾向。

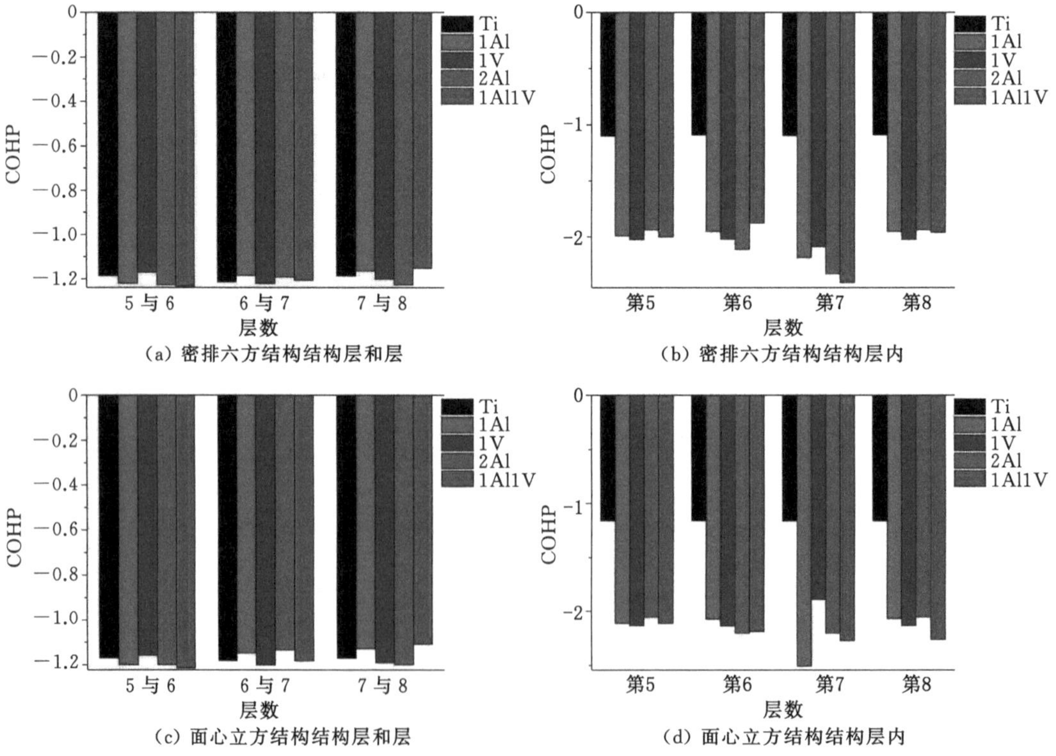

(a) 密排六方结构结构层和层

(b) 密排六方结构结构层内

(c) 面心立方结构结构层和层

(d) 面心立方结构结构层内

图 8-11　层和层以及层内平均 COHP 值

表 8-3 密排六方结构中原子之间的 COHP 值

原子层序号	钛		1 铝		1 钒		2 铝		1 铝 1 钒	
5-6	钛 3—钛 15	−1.205 55	钛 3—钛 14	−1.177 92	钛 3—钛 14	−1.146	钛 3—铝 48	−1.385 38	钛 3—钒 48	−1.114 42
	钛 3—钛 21	−1.170 28	钛 3—钛 20	−1.210 36	钛 3—钛 20	−1.136 36	钛 3—钛 19	−1.075 78	钛 3—钛 19	−1.269 47
	钛 3—钛 39	−1.165 82	钛 3—钛 38	−1.221 16	钛 3—钛 38	−1.197 24	钛 3—钛 37	−1.115 99	钛 3—钛 37	−1.265 32
	钛 9—钛 15	−1.206 81	钛 9—钛 14	−1.266 89	钛 9—钛 14	−1.205 47	钛 9—铝 48	−1.520 54	钛 9—钒 48	−1.188 94
	钛 9—钛 21	−1.154 41	钛 9—钛 20	−1.262 61	钛 9—钛 20	−1.175 26	钛 9—钛 19	−1.211 51	钛 9—钛 19	−1.294 98
	钛 9—钛 45	−1.208 15	钛 9—钛 44	−1.261 97	钛 9—钛 44	−1.172 66	钛 9—钛 43	−1.211 84	钛 9—钛 43	−1.294 04
	钛 27—钛 15	−1.190 86	钛 26—钛 14	−1.178 55	钛 26—钛 14	−1.147 2	钛 25—铝 48	−1.384 97	钛 25—钒 48	−1.114 52
	钛 27—钛 39	−1.206 18	钛 26—钛 38	−1.220 78	钛 26—钛 38	−1.196 51	钛 25—钛 37	−1.116 3	钛 25—钛 37	−1.265 12
	钛 27—钛 45	−1.165 23	钛 26—钛 44	−1.210 88	钛 26—钛 44	−1.135 87	钛 25—钛 43	−1.076 41	钛 25—钛 43	−1.270 13
	钛 33—钛 21	−1.184 58	钛 32—钛 20	−1.209 12	钛 32—钛 20	−1.159 84	钛 31—钛 19	−1.231 8	钛 31—钛 19	−1.236 67
	钛 33—钛 39	−1.201 49	钛 32—钛 38	−1.211	钛 32—钛 38	−1.210 51	钛 31—钛 37	−1.156 62	钛 31—钛 37	−1.231 17
	钛 33—钛 45	−1.163 73	钛 32—钛 44	−1.209 46	钛 32—钛 44	−1.161 35	钛 31—钛 43	−1.231 67	钛 31—钛 43	−1.236 59
6-7	钛 15—钛 4	−1.184 62	钛 14—钛 4	−1.096 97	钛 14—钛 4	−1.236 26	铝 48—钛 4	−1.244 27	钒 48—钛 4	−1.134 46
	钛 15—钛 10	−1.226 98	钛 14—铝 48	−1.444 72	钛 14—钒 48	−1.156 54	铝 48—铝 47	−2.397 5	钒 48—铝 47	−1.357 25
	钛 15—钛 28	−1.208 32	钛 14—钛 27	−1.096 76	钛 14—钛 27	−1.235 05	铝 48—钛 26	−1.243 07	钒 48—钛 26	−1.133 99
	钛 21—钛 4	−1.220 1	钛 20—钛 4	−1.060 85	钛 20—钛 4	−1.258 09	钛 19—钛 4	−0.862 05	钛 19—钛 4	−1.083 01
	钛 21—钛 10	−1.227 34	钛 20—铝 48	−1.386 6	钛 20—钒 48	−1.174 52	钛 19—铝 47	−1.242 16	钛 19—铝 47	−1.424 27
	钛 21—钛 34	−1.205 86	钛 20—钛 33	−1.070 47	钛 20—钛 33	−1.242 14	钛 19—钛 32	−1.026 19	钛 19—钛 32	−1.101 61
	钛 39—钛 4	−1.236 82	钛 38—钛 4	−1.189 54	钛 38—钛 4	−1.222 72	钛 37—钛 4	−1.025 6	钛 37—钛 4	−1.232 75
	钛 39—钛 28	−1.179 11	钛 38—钛 27	−1.189 19	钛 38—钛 27	−1.221 93	钛 37—钛 26	−1.026 21	钛 37—钛 26	−1.231 58
	钛 39—钛 34	−1.233 81	钛 38—钛 33	−1.158 49	钛 38—钛 33	−1.226 01	钛 37—钛 32	−1.097 17	钛 37—钛 32	−1.169 8
	钛 45—钛 10	−1.184 87	钛 44—铝 48	−1.387 22	钛 44—钒 48	−1.176 17	钛 43—铝 47	−1.244 5	钛 43—铝 47	−1.425 6
	钛 45—钛 28	−1.219 94	钛 44—钛 27	−1.061 02	钛 44—钛 27	−1.259 57	钛 43—钛 26	−0.862 17	钛 43—钛 26	−1.082 91
	钛 45—钛 34	−1.236 45	钛 44—钛 33	−1.071 26	钛 44—钛 33	−1.240 75	钛 43—钛 32	−1.025 2	钛 43—钛 32	−1.099 93

表 8-3(续)

原子层序号	钛		1 铝		1 钒		2 铝		1 铝 1 钒	
7-8	钛 4—钛 16	−1.185 95	钛 4—钛 15	−1.066 31	钛 4—钛 15	−1.225 14	钛 4—钛 14	−1.212 76	钛 4—钛 14	−1.047 72
	钛 4—钛 22	−1.184 21	钛 4—钛 21	−1.029	钛 4—钛 21	−1.241 84	钛 4—钛 20	−1.076 57	钛 4—钛 20	−0.994 96
	钛 4—钛 40	−1.181 2	钛 4—钛 39	−1.171 55	钛 4—钛 39	−1.204 28	钛 4—钛 38	−1.232 26	钛 4—钛 38	−1.143 85
	钛 10—钛 16	−1.192 92	铝 48—钛 15	−1.439 31	钒 48—钛 15	−1.128 12	铝 47—钛 14	−1.519 91	铝 47—钛 14	−1.438 07
	钛 10—钛 22	−1.173 52	铝 48—钛 21	−1.385 94	钒 48—钛 21	−1.147 31	铝 47—钛 20	−1.384 46	铝 47—钛 20	−1.384 5
	钛 10—钛 46	−1.193 1	铝 48—钛 45	−1.387 47	钒 48—钛 45	−1.149 77	铝 47—钛 44	−1.387 25	铝 47—钛 44	−1.387 02
	钛 28—钛 16	−1.190 65	钛 27—钛 15	−1.065 11	钛 27—钛 15	−1.223 69	钛 26—钛 14	−1.211 66	钛 26—钛 14	−1.046 7
	钛 28—钛 40	−1.196 28	钛 27—钛 39	−1.172 24	钛 27—钛 39	−1.204 46	钛 26—钛 38	−1.232 27	钛 26—钛 38	−1.144 46
	钛 28—钛 46	−1.183 82	钛 27—钛 45	−1.028 64	钛 27—钛 45	−1.242 27	钛 26—钛 44	−1.075 62	钛 26—钛 44	−0.994 61
	钛 34—钛 22	−1.185 84	钛 33—钛 21	−1.045 44	钛 33—钛 21	−1.225 52	钛 32—钛 20	−1.117 36	钛 32—钛 20	−1.050 78
	钛 34—钛 40	−1.193 79	钛 33—钛 39	−1.136 83	钛 33—钛 39	−1.202	钛 32—钛 38	−1.156 09	钛 32—钛 38	−1.141 8
	钛 34—钛 46	−1.177 48	钛 33—钛 45	−1.044 73	钛 33—钛 45	−1.223 49	钛 32—钛 44	−1.115 15	钛 32—钛 44	−1.048 78
5	钛 3—钛 9	−1.101 5	钛 3—钛 9	−2.175 78	钛 3—钛 9	−2.214 51	钛 3—钛 9	−2.085 72	钛 3—钛 9	−2.238 61
	钛 3—钛 27	−1.096 66	钛 3—钛 26	−2.187 6	钛 3—钛 26	−2.207 49	钛 3—钛 25	−2.107 37	钛 3—钛 25	−2.206 96
	钛 3—钛 33	−1.098 97	钛 3—钛 32	−2.172 6	钛 3—钛 32	−2.206 38	钛 3—钛 31	−2.157 75	钛 3—钛 31	−2.128 75
	钛 9—钛 27	−1.102 32	钛 9—钛 26	−2.176 03	钛 9—钛 26	−2.214 78	钛 9—钛 25	−2.086 75	钛 9—钛 25	−2.238 39
	钛 9—钛 33	−1.104 2	钛 9—钛 32	−1.077 95	钛 9—钛 32	−1.100 26	钛 9—钛 31	−1.048 48	钛 9—钛 31	−1.076 24
	钛 27—钛 33	−1.100 1	钛 26—钛 32	−2.172 96	钛 26—钛 32	−2.205 33	钛 25—钛 31	−2.156 87	钛 25—钛 31	−2.129 28
6	钛 15—钛 21	−1.096 38	钛 14—钛 20	−2.102 01	钛 14—钛 20	−2.250 5	铝 48—钛 19	−2.394 39	钒 48—钛 19	−1.953 67
	钛 15—钛 39	−1.075 05	钛 14—钛 38	−1.071 29	钛 14—钛 38	−1.097 16	铝 48—钛 37	−1.291 61	钒 48—钛 37	−0.976 85
	钛 15—钛 45	−1.093 79	钛 14—钛 44	−2.100 15	钛 14—钛 44	−2.247 81	铝 48—钛 43	−2.392 79	钒 48—钛 43	−1.951 51
	钛 21—钛 39	−1.090 46	钛 20—钛 38	−2.170 2	钛 20—钛 38	−2.164 55	钛 19—钛 37	−2.184 44	钛 19—钛 37	−2.142 45
	钛 21—钛 45	−1.102 77	钛 20—钛 44	−2.111 23	钛 20—钛 44	−2.206 85	钛 19—钛 43	−2.233 78	钛 19—钛 43	−2.113 87
	钛 39—钛 45	−1.091 68	钛 38—钛 44	−2.170 87	钛 38—钛 44	−2.166 6	钛 37—钛 43	−2.184 89	钛 37—钛 43	−2.142 15

表 8-3(续)

原子层序号	钛		1 铝		1 钒		2 铝		1 铝 1 钒	
7	钛 4—钛 10	−1.095 45	钛 4—铝 48	−2.581 63	钛 4—钒 48	−2.003 9	钛 4—铝 47	−2.391 2	钛 4—铝 47	−2.620 78
	钛 4—钛 28	−1.093 07	钛 4—钛 27	−2.297 42	钛 4—钛 27	−2.193 69	钛 4—钛 26	−2.234 58	钛 4—钛 26	−2.317 42
	钛 4—钛 34	−1.094 55	钛 4—钛 33	−2.172 06	钛 4—钛 33	−2.171 3	钛 4—钛 32	−2.186 07	钛 4—钛 32	−2.142 15
	钛 10—钛 28	−1.096 69	铝 48—钛 27	−2.583 29	钒 48—钛 27	−2.010 91	铝 47—钛 26	−2.396 2	铝 47—钛 26	−2.624 48
	钛 10—钛 34	−1.099 19	铝 48—钛 33	−1.312 12	钒 48—钛 33	−1.993 49	铝 47—钛 32	−2.582 66	铝 47—钛 32	−2.613 64
	钛 28—钛 34	−1.096 44	钛 27—钛 33	−2.171 65	钛 27—钛 33	−2.169 5	钛 26—钛 32	−2.185 03	钛 26—钛 32	−2.141 12
8	钛 16—钛 22	−1.093 79	钛 15—钛 21	−2.093 66	钛 15—钛 21	−2.250 04	钛 14—钛 20	−2.084 65	钛 14—钛 20	−2.103 29
	钛 16—钛 40	−1.088 83	钛 15—钛 39	−1.071 51	钛 15—钛 39	−1.098 25	钛 14—钛 38	−1.048 7	钛 14—钛 38	−1.077 22
	钛 16—钛 46	−1.093 77	钛 15—钛 45	−2.093 66	钛 15—钛 45	−2.249 74	钛 14—钛 44	−2.085 33	钛 14—钛 44	−2.102 59
	钛 22—钛 40	−1.094 05	钛 21—钛 39	−2.176 26	钛 21—钛 39	−2.165 15	钛 20—钛 38	−2.157 11	钛 20—钛 38	−2.184 08
	钛 22—钛 46	−1.086 26	钛 21—钛 45	−2.111 37	钛 21—钛 45	−2.209 52	钛 20—钛 44	−2.107 71	钛 20—钛 44	−2.128 01
	钛 40—钛 46	−1.093 36	钛 39—钛 45	−2.177 12	钛 39—钛 45	−2.166 48	钛 38—钛 44	−2.156 85	钛 38—钛 44	−2.183 94

表 8-4 面心立方结构中原子之间的 COHP 值

原子层序号	钛		1 铝		1 钒		2 铝		1 铝 1 钒	
5-6	钛 18—钛 2	−1.163 49	钛 18—钛 2	−1.169 48	钛 18—钛 2	−1.137 72	钛 18—钛 2	−1.093 95	钛 18—钛 2	−1.255 72
	钛 18—钛 26	−1.179 88	钛 18—钛 26	−1.198 29	钛 18—钛 26	−1.157 56	钛 18—铝 48	−1.365 43	钛 18—钒 48	−1.103 84
	钛 18—钛 30	−1.170 48	钛 18—钛 30	−1.191 67	钛 18—钛 30	−1.177 07	钛 18—钛 29	−1.167 05	钛 18—钛 29	−1.259 07
	钛 22—钛 6	−1.162 93	钛 22—钛 6	−1.169 4	钛 22—钛 6	−1.136 69	钛 22—钛 6	−1.094 6	钛 22—钛 6	−1.257 22
	钛 22—钛 26	−1.168 13	钛 22—钛 26	−1.197 05	钛 22—钛 26	−1.156 81	钛 22—铝 48	−1.366 16	钛 22—钒 48	−1.100 25
	钛 22—钛 30	−1.178 4	钛 22—钛 30	−1.192 1	钛 22—钛 30	−1.178 75	钛 22—钛 29	−1.168 45	钛 22—钛 29	−1.258 99
	钛 38—钛 2	−1.176 18	钛 38—钛 2	−1.208 29	钛 38—钛 2	−1.138 84	钛 37—钛 2	−1.213 61	钛 37—钛 2	−1.178 27
	钛 38—钛 6	−1.168 18	钛 38—钛 6	−1.206 42	钛 38—钛 6	−1.138 89	钛 37—钛 6	−1.212 59	钛 37—钛 6	−1.178
	钛 38—钛 30	−1.163 76	钛 38—钛 30	−1.259 57	钛 38—钛 30	−1.217 11	钛 37—钛 29	−1.206 51	钛 37—钛 29	−1.237 66
	钛 46—钛 2	−1.171 25	钛 45—钛 2	−1.187 83	钛 45—钛 2	−1.152 19	钛 44—钛 2	−1.044 27	钛 44—钛 2	−1.283 4
	钛 46—钛 6	−1.179 59	钛 45—钛 6	−1.189 5	钛 45—钛 6	−1.153 4	钛 44—钛 6	−1.042 1	钛 44—钛 6	−1.284 23
	钛 46—钛 26	−1.164 64	钛 45—钛 26	−1.231 58	钛 45—钛 26	−1.157 92	钛 44—铝 48	−1.416 03	钛 44—钒 48	−1.176 78
6-7	钛 2—钛 15	−1.179 09	钛 2—钛 15	−1.053 07	钛 2—钛 15	−1.257 33	钛 2—钛 15	−0.858 75	钛 2—钛 15	−1.102 94
	钛 2—钛 35	−1.191 14	钛 2—钛 35	−1.114 49	钛 2—钛 35	−1.263 09	钛 2—钛 34	−1.031 92	钛 2—钛 34	−1.121 26
	钛 2—钛 43	−1.179 35	钛 2—铝 48	−1.312 5	钛 2—钒 48	−1.131 57	钛 2—铝 47	−1.158 79	钛 2—铝 47	−1.355 28
	钛 6—钛 11	−1.181 71	钛 6—钛 11	−1.053 57	钛 6—钛 11	−1.257 92	钛 6—钛 11	−0.858 99	钛 6—钛 11	−1.101 9
	钛 6—钛 35	−1.176 56	钛 6—钛 35	−1.114 9	钛 6—钛 35	−1.264 15	钛 6—钛 34	−1.033 32	钛 6—钛 34	−1.120 96
	钛 6—钛 43	−1.193 44	钛 6—铝 48	−1.311 45	钛 6—钒 48	−1.131 13	钛 6—铝 47	−1.158 49	钛 6—铝 47	−1.355 41
	钛 26—钛 11	−1.167 29	钛 26—钛 11	−1.046 12	钛 26—钛 11	−1.240 71	铝 48—钛 11	−1.160 07	钒 48—钛 11	−1.106 75
	钛 26—钛 15	−1.197	钛 26—钛 15	−1.045 44	钛 26—钛 15	−1.240 03	铝 48—钛 15	−1.158 61	钒 48—钛 15	−1.109 63
	钛 26—钛 43	−1.179 98	钛 26—铝 48	−1.391 21	钛 26—钒 48	−1.117 19	铝 48—铝 47	−2.234 93	钒 48—铝 47	−1.311 8
	钛 30—钛 11	−1.194 1	钛 30—钛 11	−1.131 94	钛 30—钛 11	−1.173 64	钛 29—钛 11	−1.031 53	钛 29—钛 11	−1.213 99
	钛 30—钛 15	−1.163 88	钛 30—钛 15	−1.132 73	钛 30—钛 15	−1.173 51	钛 29—钛 15	−1.032 67	钛 29—钛 15	−1.215 57
	钛 30—钛 35	−1.175 81	钛 30—钛 35	−1.077 08	钛 30—钛 35	−1.170 12	钛 29—钛 34	−0.895 42	钛 29—钛 34	−1.081 73

表 8-4(续)

原子层序号	钛		1 铝		1 钒		2 铝		1 铝 1 钒	
7-8	钛 11—钛 23	−1.184 04	钛 11—钛 23	−1.036 06	钛 11—钛 23	−1.249 7	钛 11—钛 23	−1.094 26	钛 11—钛 23	−1.009 32
	钛 11—钛 39	−1.170 81	钛 11—钛 39	−1.106 93	钛 11—钛 39	−1.158 26	钛 11—钛 38	−1.213 34	钛 11—钛 38	−1.027 56
	钛 11—钛 47	−1.163 28	钛 11—钛 46	−1.014 4	钛 11—钛 46	−1.225 47	钛 11—钛 45	−1.043 01	钛 11—钛 45	−0.991 08
	钛 15—钛 19	−1.184 16	钛 15—钛 19	−1.035 85	钛 15—钛 19	−1.251 42	钛 15—钛 19	−1.094 06	钛 15—钛 19	−1.009 02
	钛 15—钛 39	−1.164 96	钛 15—钛 39	−1.106 61	钛 15—钛 39	−1.158 21	钛 15—钛 38	−1.212 35	钛 15—钛 38	−1.027 16
	钛 15—钛 47	−1.169 42	钛 15—钛 46	−1.0138 5	钛 15—钛 46	−1.226 53	钛 15—钛 45	−1.043 65	钛 15—钛 45	−0.989 89
	钛 35—钛 19	−1.166 02	钛 35—钛 19	−1.078 9	钛 35—钛 19	−1.245 69	钛 34—钛 19	−1.167 6	钛 34—钛 19	−1.083 55
	钛 35—钛 23	−1.161 73	钛 35—钛 23	−1.080 05	钛 35—钛 23	−1.245 66	钛 34—钛 23	−1.167 04	钛 34—钛 23	−1.083 15
	钛 35—钛 39	−1.180 52	钛 35—钛 39	−1.043 61	钛 35—钛 39	−1.165 2	钛 34—钛 38	−1.205 5	钛 34—钛 38	−1.054 07
	钛 43—钛 19	−1.163 97	铝 48—钛 19	−1.315 16	钒 48—钛 19	−1.120 03	铝 47—钛 19	−1.366 89	铝 47—钛 19	−1.316 75
	钛 43—钛 23	−1.166 74	铝 48—钛 23	−1.312 67	钒 48—钛 23	−1.120 83	铝 47—钛 23	−1.367 07	铝 47—钛 23	−1.316 45
	钛 43—钛 47	−1.185 9	铝 48—钛 46	−1.396	钒 48—钛 46	−1.121 99	铝 47—钛 45	−1.418 88	铝 47—钛 45	−1.392 63
5	钛 18—钛 22	−1.158 84	钛 18—钛 22	−2.294 1	钛 18—钛 22	−2.318 87	钛 18—钛 22	−2.219 35	钛 18—钛 22	−2.308 9
	钛 18—钛 38	−1.161 11	钛 18—钛 38	−2.317 68	钛 18—钛 38	−2.338 06	钛 18—钛 37	−2.291 6	钛 18—钛 37	−2.298 93
	钛 18—钛 46	−1.163 11	钛 18—钛 45	−2.304 6	钛 18—钛 45	−2.326 74	钛 18—钛 44	−2.208 34	钛 18—钛 44	−2.320 83
	钛 22—钛 38	−1.164 72	钛 22—钛 38	−2.316	钛 22—钛 38	−2.337 4	钛 22—钛 37	−2.292 89	钛 22—钛 37	−2.300 38
	钛 22—钛 46	−1.161 03	钛 22—钛 45	−2.305 41	钛 22—钛 45	−2.326 31	钛 22—钛 44	−2.208 34	钛 22—钛 44	−2.318 66
	钛 38—钛 46	−1.164 05	钛 38—钛 45	−1.152 26	钛 38—钛 45	−1.163 28	钛 37—钛 44	−1.117 84	钛 37—钛 44	−1.142 39
6	钛 2—钛 6	−1.158 09	钛 2—钛 6	−2.240 41	钛 2—钛 6	−2.335 96	钛 2—钛 6	−2.289 41	钛 2—钛 6	−2.277 42
	钛 2—钛 26	−1.165 38	钛 2—钛 26	−2.227 2	钛 2—钛 26	−2.355 2	钛 2—铝 48	−2.555 04	钛 2—钒 48	−2.076 97
	钛 2—钛 30	−1.163 38	钛 2—钛 30	−2.307 61	钛 2—钛 30	−2.313 72	钛 2—钛 29	−2.220 34	钛 2—钛 29	−2.315 85
	钛 6—钛 26	−1.163 48	钛 6—钛 26	−2.228 2	钛 6—钛 26	−2.354 85	钛 6—铝 48	−2.554 89	钛 6—钒 48	−2.071 34
	钛 6—钛 30	−1.166 52	钛 6—钛 30	−2.307 9	钛 6—钛 30	−2.313 58	钛 6—钛 29	−2.220 59	钛 6—钛 29	−2.316 16
	钛 26—钛 30	−1.154 24	钛 26—钛 30	−1.132 45	钛 26—钛 30	−1.153 6	铝 48—钛 29	−1.386 6	钒 48—钛 29	−2.082 94

表 8-4(续)

原子层序号	钛		1 铝		1 钒		2 铝		1 铝 1 钒	
7	钛 11—钛 15	−1.153 08	钛 11—钛 15	−2.314 53	钛 11—钛 15	−2.375 15	钛 11—钛 15	−2.290 74	钛 11—钛 15	−2.333 45
	钛 11—钛 35	−1.162 75	钛 11—钛 35	−2.201 08	钛 11—钛 35	−2.348 48	钛 11—钛 34	−2.219 21	钛 11—钛 34	−2.155 44
	钛 11—钛 43	−1.175 48	钛 11—铝 48	−2.756 26	钛 11—钒 48	−1.077 77	钛 11—铝 47	−2.555 4	钛 11—铝 47	−2.796 19
	钛 15—钛 35	−1.171 69	钛 15—钛 35	−2.198 77	钛 15—钛 35	−2.348 3	钛 15—钛 34	−2.221 29	钛 15—钛 34	−2.155 25
	钛 15—钛 43	−1.166 72	钛 15—铝 48	−2.761 34	钛 15—钒 48	−1.077 1	钛 15—铝 47	−2.554 95	钛 15—铝 47	−2.795
	钛 35—钛 43	−1.152 47	钛 35—铝 48	−2.823 35	钛 35—钒 48	−2.133 73	钛 34—铝 47	−1.386 19	钛 34—铝 47	−1.399 13
8	钛 19—钛 23	−1.161 1	钛 19—钛 23	−2.235 5	钛 19—钛 23	−2.334 11	钛 19—钛 23	−2.218 87	钛 19—钛 23	−2.235 48
	钛 19—钛 39	−1.162 07	钛 19—钛 39	−2.310 41	钛 19—钛 39	−2.310 19	钛 19—钛 38	−2.292 44	钛 19—钛 38	−2.318 86
	钛 19—钛 47	−1.167 08	钛 19—钛 46	−2.216 15	钛 19—钛 46	−2.351 02	钛 19—钛 45	−2.208 31	钛 19—钛 45	−2.215 09
	钛 23—钛 39	−1.166 16	钛 23—钛 39	−2.309 18	钛 23—钛 39	−2.310 26	钛 23—钛 38	−2.293 21	钛 23—钛 38	−2.318 43
	钛 23—钛 47	−1.164 55	钛 23—钛 46	−2.217 26	钛 23—钛 46	−2.350 48	钛 23—钛 45	−2.208 17	钛 23—钛 45	−2.214 89
	钛 39—钛 47	−1.163 31	钛 39—钛 46	−1.130 71	钛 39—钛 46	−1.152 47	钛 38—钛 45	−1.118 73	钛 38—钛 45	−2.267 02

铝和钒的引入引起的 COHP 变化如图 8-12 所示。在图 8-12(a)中，原子编号 1 对应的是表 8-3 中列出的钛 15—钛 4 键，以此类推，编号 12 则对应于表 8-3 中的钛 45—钛 34 键。在图 8-12(b)中，原子编号 1 所代表的是表 8-4 中列出的钛 2—钛 15 键，遵循此规律，编号 12 则对应表 8-4 中的钛 30—钛 35 键。根据图 8-12(a)与图 8-12(b)的展示，可以明确观察到，在密排六方结构与面心立方结构下，纯钛中各原子间的 COHP 值均呈现出相对较小的波动。而当铝和钒引入后，原子之间的 COHP 值波动较大。即合金容易在 COHP 值波动较大处发生密排六方结构→面心立方结构相转变。

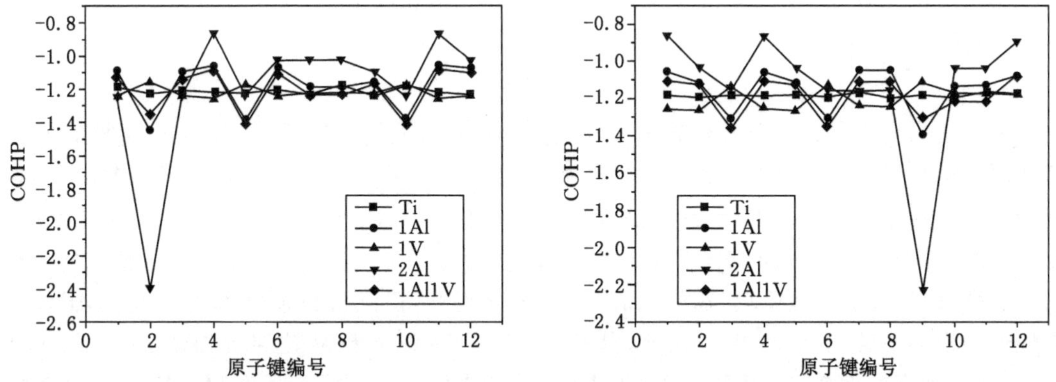

(a) 密排六方结构　　(b) 面心立方结构

图 8-12　铝和钒的引入引起的 COHP 变化

综上所述，铝和钒的引入导致了层错面两侧原子间键合强度的变化。具体而言，部分原子间的键合强度得到了增强，而另一部分原子间的键合强度则有所减弱。因此，在外部载荷的作用下，这些相对较弱的金属键可能首先发生断裂，进而触发相转变过程。

第 9 章 表层微纳尺度孪晶的制备与力学性能

9.1 引 言

纳米孪晶金属材料由于其优异的力学性能而引起了人们的广泛关注。它们优异的力学特性源于纳米尺度孪晶界的特殊性质。纳米尺度的孪晶界导致了一种类似于经典的霍尔-佩奇关系的强化效应。此外，纳米孪晶金属的优异塑性也归因于其纳米尺度孪晶界，因为它有足够的空间来容纳位错的积累。Lu 等[69]通过电沉积工艺在纯铜中制备了高密度生长的纳米孪晶，使得纯铜的极限抗拉强度和延性均显著提升，极限抗拉强度可达 1 068 MPa，是常规退火粗晶粒纯铜的 10 倍。此外，其塑性也可与传统的粗晶粒纯铜相媲美[132]。Zhao 等[133]通过动态塑性变形(DPD)制备的大块纳米孪晶 Cu 也表现出强度和延性之间的良好结合。Shan 等[73]制备的纳米孪晶 Ni 具有优异的力学性能。采用 DPD 加工的微纳尺度再结晶晶粒混合结构的铜锌合金也具有较高的强度和延性[134]。此外，在具有高体积分数的纳米孪晶钢中，可以获得良好的强度和延性组合[135]。由 DPD 或电沉积制备的纳米孪晶 316 奥氏体不锈钢也具有良好的强度和延性组合[136]。然而，上述纳米孪晶金属材料均属于面心立方结构材料，主要为铜和钢，这些金属始终具有低或中等的层错能(SFE)。在密排六方结构金属中引入一定数量的纳米尺度孪晶一直是一个具有挑战性的难题，特别是对于 SFE 值较高的钛。最近，Zhao 等[137]在液氮中对密排六方结构的钛施加变形作用，从而在钛中引入了高体积分数的纳米尺度孪晶。拉伸试验结果表明，纳米孪晶钛的室温和低温性能均得到显著的提高。纳米孪晶钛的制备成功为在其他密排六方结构金属中引入纳米尺度孪晶，从而进一步提高力学性能提供了思路。

双相 Ti-6Al-4V 钛合金因其低密度/强度比、生物相容性和高耐腐蚀性而被广泛应用于工程领域。Ti-6Al-4V 钛合金的失效总是从其表面开始的，因为合金总是在摩擦和疲劳载荷下工作[7]。因此，在合金中制造一个表面改性层是非常必要的。通过喷丸[138]、超声滚压[62]、表面机械磨损处理[139]等大塑性变形方法，可以将金属初始表面微观结构细化为纳米晶粒，从而得到表面改性层。然而，这些过程通常需要持续几个小时，这增加了能源消耗。高压水射流技术(HPWJT)是一种广泛应用的新型表面处理技术。该技术具有高效、低成本、灵活性高、无污染、无热损伤等优点[140]。该工艺过程是通过将含有特定硬度颗粒的高压水喷射到金属组件的表面来实现的。由于这种处理可以细化微观结构，在表面处形成残余应力，降低粗糙度，因此可以提高组件的表面硬度和抗疲劳性能[141-142]。

双相 Ti-6Al-4V 钛合金中的 α 相的塑性变形模式对协调合金的整体塑性变形和力学性能起着非常重要的作用。α 相最常见的塑性变形模式是位错滑移。然而，由于 α 相存在密排六方晶体结构的有限滑移系，变形孪晶可能在适应塑性变形中发挥了至关重要的作用。

变形孪晶通常被认为在低 SFE 值的金属中更容易被激活，而在具有高 SFE 值的细晶粒度 Ti-6Al-4V 钛合金中很难产生。据报道，在高应变速率塑性变形下，很容易激活变形孪晶[19]。由于 HPWJT 可能在金属表面引起非常高的应变速率塑性变形，因此，利用这种高效、低成本的技术，有望在 Ti-6Al-4V 钛合金表面引入一定数量的微纳尺度孪晶。在此基础上，笔者基于现有理论，采用 HPWJT，通过控制工艺参数的方式成功地在 Ti-6Al-4V 钛合金表面引入了一定数量的微纳尺度孪晶。由于表层形成了微纳尺度孪晶，因而使得该合金的表面维氏硬度(HV)高达 396。本部分介绍了一种在超细晶粒度 Ti-6Al-4V 钛合金中制备微纳尺度孪晶的新方法。此外，本研究可能为在其他高 SFE 金属中引入微纳尺度孪晶提供一种新的方法，并可能进一步提高其力学性能。

9.2　试验材料

试验材料为一个直径为 54 mm 的 Ti-6Al-4V 钛合金热轧棒材，Ti-6Al-4V 钛合金棒材的化学成分列于表 9-1。

表 9-1　Ti-6Al-4V 钛合金棒材的化学组分(wt %)

Ti	V	Al	Fe	C	Si	Cr	Zr	Pb
89.777 9	4.226	5.926	$<$0.000 4	0.011	0.024	0.001 7	0.020	0.013

9.3　试验方法

9.3.1　工艺设定

将初始材料加热至 $\alpha+\beta$ 相区(约 950 ℃)，保温 60 min，然后进行锻造。锻造后材料通过水冷的方式进行冷却，最终经过锻造后棒材的直径约为 30 mm。然后将合金加热至 800 ℃，保温 20 min，最终通过空冷得到 $\alpha+\beta$ 晶粒的组织。该棒材用电火花切割机切割成 20 mm×20 mm×5 mm 的尺寸。采用高压水射流技术对试样的表面进行了处理。本试验中使用的喷丸磨料为 SiO_2，平均粒径为 100 μm。本试验的详细参数见表 9-2。图 9-1 显示了喷丸路径、表征示意图和加工表面。

表 9-2　本工作的详细试验参数

参数	数值
喷嘴直径	0.33 mm
喷嘴喷射角度	90°
喷丸压力	80 MPa
喷丸距离	10 mm
喷嘴速度	500 mm/min

表 9-2(续)

参数	数值
磨料流量	160～200 mL/min
喷丸间距	0.1 mm
喷丸区域	10 mm×10 mm

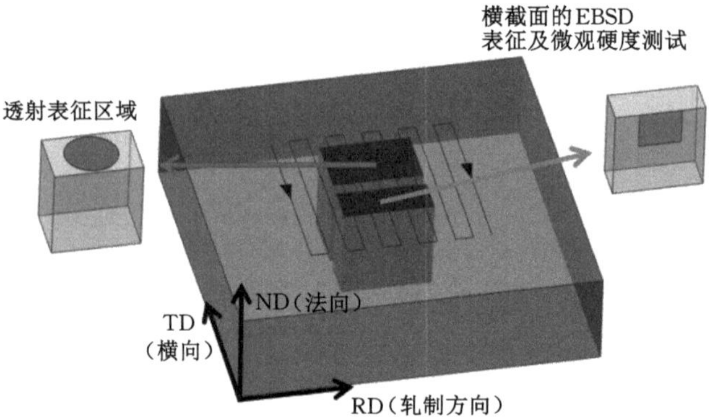

图 9-1　喷丸路径、表征示意图和加工表面

9.3.2　微观组织表征与分析

利用配备电子背散射衍射(EBSD)系统的场发射扫描电子显微镜对试样喷丸前后的微观结构进行表征与分析。用水砂纸对喷丸前后的试样表面进行研磨，最后一次研磨的水砂纸型号为 5 000#。研磨后将试样放置于 VibroMet 2 型振动抛光试验机中进行振动抛光，抛光液为纳米硅溶胶溶液。为保证能充分去除样品表层残余应力，提高 EBSD 解析效果，将振动抛光时间设定为 12 h。EBSD 采集数据的工作电压为 20 kV，工作距离约 14 mm。EBSD 后处理与分析软件为 HKL Channel 5，该软件可以实现对整个采集区域的晶体学取向等信息的分析。对于精细结构的表征，需要在样品上切取一定厚度的薄片，反复研磨后直至样品的厚度达到约 100 μm，再用 $HClO_4:CH_3(CH_2)_3OH:CH_3OH=1:7:12$ 的试剂进行减薄，减薄温度为－30 ℃。用 FEI 公司生产的 Tecnai G2 F20 S-TWIN(200 kV)场发射透射电子显微镜(TEM)对其精细的微观结构进行表征与分析。硬度测量是在 HV-1000 型硬度计上进行的，负荷为 2 g，持续时间为 10 s。

9.4　在 Ti-6Al-4V 钛合金中制备精细的等轴结构

Ti-6Al-4V 钛合金的初始微观结构如图 9-2(a)所示，它由大量的 α 相和少量的 β 相组成。大角度晶界(>15°)用黑线表示。图 9-2(b)显示了与图 9-2(a)对应的 EBSD 全欧拉角图，其中不同的颜色代表不同的晶体学取向。初始微观组织中具有许多晶体学方向一致的条带结构。部分区域存在大的条带破碎成小段，说明初始材料发生变形，在等轴 α 晶粒的界面上存在小的 β 晶粒。通过分析 α 相和 β 相的相邻晶体取向发现，α 相和 β 相的晶体取向遵循伯格斯关系($\alpha\{0001\}\parallel\beta\{110\}$，$\alpha\langle 11\bar{2}0\rangle\parallel\beta\langle 1\bar{1}1\rangle$)，说明 α 相来自 Ti-6Al-4V 钛合金的高温母体β相的转变，该合金在冷却过程中逐渐形成室温α相[10]。以往的研究已经证明，利用热机械处理可以细化 Ti-6Al-4V 钛合金的微观结构[143]。

图 9-2(c)所示为 Ti-6Al-4V 钛合金经过热机械加工以后的微观组织，通过热机械加工处理以后，Ti-6Al-4V 钛合金的微观组织转变为细化的α和β晶粒。α相的比例相对于初始材料的比例有所下降，说明高温β相在热机械加工和随后的空气冷却过程中并没有完全转化为α相。图 9-2(d)为与图 9-2(c)相对应的 EBSD 全欧拉角图。利用 HKL Channel 5 软件和截线法测量的平均α粒度为几微米。所得到的精细等轴α晶粒和少量β晶粒是 Ti-6Al-4V 钛合金的典型再结晶微观组织。当 Ti-6Al-4V 钛合金在高温α+β区进行热机械处理，然后进行水淬后，由于严重的塑性变形，材料总是具有一定的变形储存能。这种储存的能量为高温下的再结晶提供了驱动力，最终形成了精细的等轴α和β晶粒[143]。

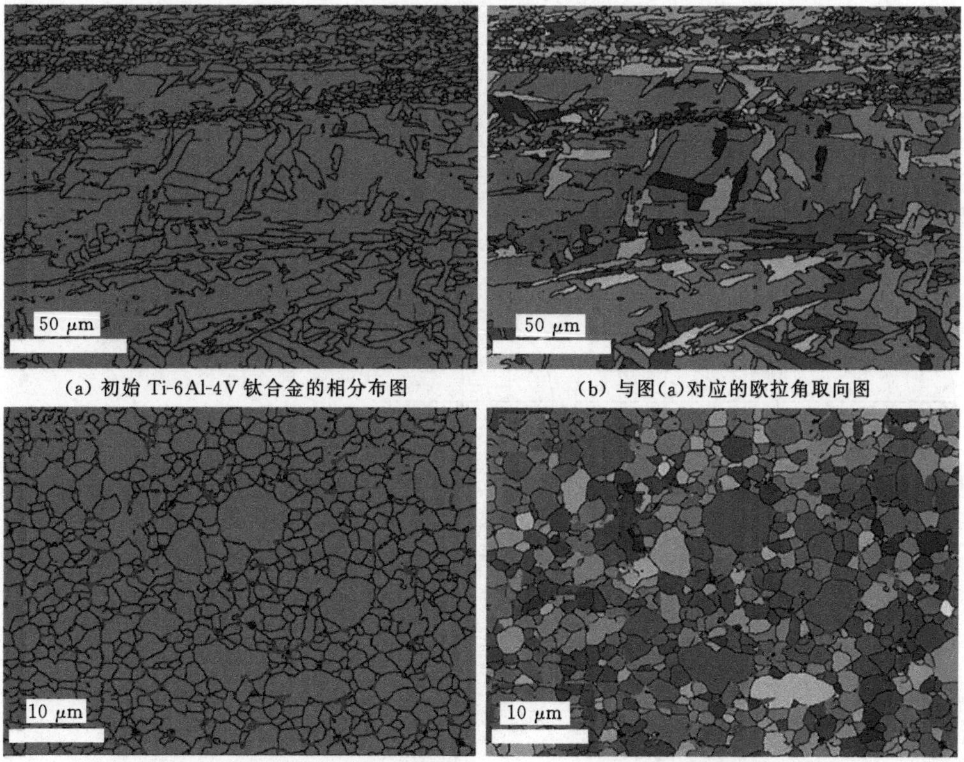

(a) 初始 Ti-6Al-4V 钛合金的相分布图　(b) 与图(a)对应的欧拉角取向图

(c) Ti-6Al-4V 钛合金晶粒细化后的相分布图　(d) 与图(c)对应的欧拉角取向图

图 9-2　初始和超细粒度 Ti-6Al-4V 钛合金的 EBSD 图

9.5　HPWJT 诱导形成微纳尺度孪晶

图 9-3(a)所示为经过高压水射流喷丸处理后的样品的横断面 EBSD 图，其中大角度晶界用黑线表示。用红色虚线区分出三个不同的微观组织区域。由于晶粒细化和被加工表面的严重形变，Ⅰ区分辨率较低。微纳尺度孪晶在Ⅱ区形成，距离表面一般为 2～20 μm。图 9-3(b)所示为晶粒 A 的{0001}、{11$\bar{2}$0}、{10$\bar{1}$2}极图，极图中紫色表示{10$\bar{1}$2}极图中晶粒 A 基体的晶体取向，绿色表示晶粒 A 中孪晶的晶体取向，极图中紫色和绿色重合的区域用红

色圆标记，重合区域表明基体和孪晶共用的晶体平面。晶粒 A 中沿黑色直线相邻像素点之间的取向角分布如图 9-3(c)所示，显示了四个不同的边界，取向角约为 85°，充分说明了晶粒 A 中的平行层状微观结构是微纳尺度孪晶，是 Ti[31]、Mg[144] 和 Zr 合金[145] 中最常见的孪晶。图 9-3(d)和图 9-3(e)所示为晶粒 B 和 C 沿黑色直线相邻像素点之间的取向角。由此可以表明，晶粒 B 和晶粒 C 中的片层同样是微纳尺度孪晶。从图中可以看出晶粒 A 和晶粒 C 只有一个孪晶变体。然而，在 B 晶粒中形成了两种孪晶变体。由于孪晶的激活改变了晶粒的取向，因此组织的演变变得复杂。

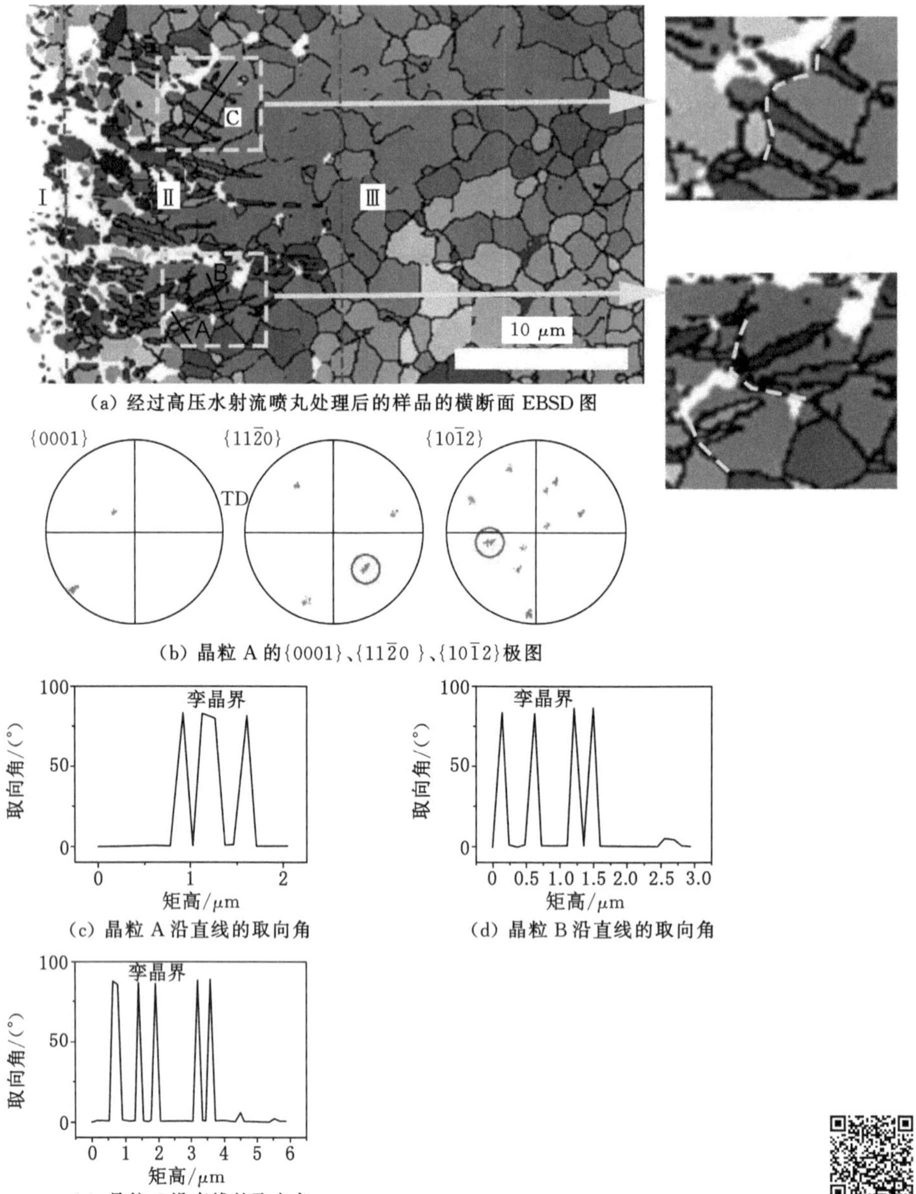

(a) 经过高压水射流喷丸处理后的样品的横断面 EBSD 图

(b) 晶粒 A 的{0001}、{11$\bar{2}$0 }、{10$\bar{1}$2}极图

(c) 晶粒 A 沿直线的取向角

(d) 晶粒 B 沿直线的取向角

(e) 晶粒 C 沿直线的取向角

图 9-3　Ti-6Al-4V 钛合金经过喷丸处理后的截面欧拉角取向图

利用透射电镜对微纳尺度的孪晶结构进行了进一步详细的表征。图 9-4(a)显示了处理后表面的明场微观结构图像。晶粒比初始的等轴晶粒细化，但这种细化并不明显，因为表面经历了高应变速率的瞬时变形，没有足够的时间允许位错进行滑移。相比之下，Liu 等[138]通过弹丸喷丸的方式处理了 Ti-6Al-4V 钛合金表面，持续时间为几十分钟，从而形成了一种从表面到内部微观组织变化的梯度结构，在这种情况下，位错有足够的时间来滑移，晶粒细化的更明显。图 9-4(b)显示了微纳尺度孪晶结构的横截面图像，通过相应的选区电子衍射图可以进一步证明该孪晶关系[图 9.4(c)]。

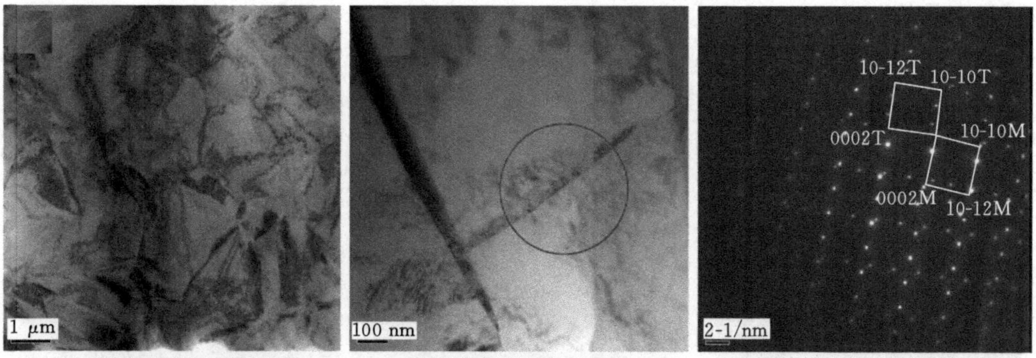

(a) 最顶部表面的亮场图像　(b) 微纳尺度孪晶的形态　(c) 对应的选定区域电子衍射图

图 9-4　通过透射电镜确定的 Ti-6Al-4V 钛合金经高压水射流处理后的微观形貌

研究证明，Ti-6Al-4V 钛合金 α 相中最常见的滑移系是沿着＜a＞方向的$\{10\bar{1}0\}$（柱面）、$\{0001\}$（基面）、$\{1\bar{1}01\}$（锥面）滑移，以及沿着＜c＋a＞方向的$\{1\bar{1}01\}$（锥面）滑移[146-147]。Ti-6Al-4V 钛合金中最常见的 α 相孪晶体系是$\{10\bar{1}2\}$＜$10\bar{1}1$＞、$\{11\bar{2}1\}$＜$10\bar{2}\bar{6}$＞、$\{11\bar{2}2\}$＜$11\bar{2}\bar{3}$＞、$\{11\bar{2}4\}$＜$22\bar{4}\bar{3}$＞[148]。然而，在本研究中，除了位错滑移外，在一些 α 晶粒中只激活了$\{10\bar{1}2\}$ ＜$10\bar{1}1$＞孪晶。与其他类型的孪晶系不同，本试验中观察到的$\{10\bar{1}2\}$ ＜$10\bar{1}1$＞孪晶系可能归因于其相对较低的临界分切应力[149-150]。此外还可以观察到，并不是所有的 α 晶粒都可能激发$\{10\bar{1}2\}$ ＜$10\bar{1}1$＞型孪晶。这一现象需要进一步澄清。相关文献中的报道已经证明，孪晶在协调相邻晶粒的塑性变形中发挥着重要作用[31]。换言之，孪晶的形成与相邻晶粒之间的取向角有关。在某些情况下，由于相邻晶粒之间特殊的取向角，晶界可能在塑性变形过程中积累局部高应力。为了释放局部的高应力，必须激活孪晶。Ti-6Al-4V 钛合金经过高能喷丸工艺处理后也出现了孪晶释放局部高应力的现象[151]。由于相邻晶粒的取向角不同，有些区域可能形成了孪晶，而有些区域不能形成孪晶。从图中可以看出，A、B、C 晶粒中的孪晶起源于晶界[图 9-3(a)中黄线标记的放大图]。孪晶终止于晶粒内部，进一步证明该孪晶起源于晶界，孪晶的形成是由于晶界处的局部高应力。

由于表层的等轴 α 晶粒经历了瞬态的塑性变形，因此，这些表层等轴 α 晶粒基本保持了原始的晶粒尺寸。统计形成微纳尺度孪晶的初始 α 晶粒尺寸具有一定意义。激发的微纳尺度孪晶的原始 α 晶粒直径一般在 0.8～6 μm 之间。之前的研究结果表明，在 Ti-6Al-4V 钛合金中，晶粒尺寸在 0.8～6 μm 范围内的 α 晶粒难以形成大量微纳尺度孪晶。有学者通过高应变率动态塑性变形方法在纯 Ti 中激发了微纳尺度孪晶[27]，然而该试验中初始晶粒尺寸约为 86 μm，远远大于本试验中 Ti-6Al-4V 钛合金的 α 晶粒尺寸。由此可以预测本试验中 Ti-6Al-4V 钛合金的硬度会增加，因为表层形成的孪晶细化了微观组织。

9.6 晶体取向对微纳尺度孪晶形成的影响

为了了解哪种 α 相的晶体取向有利于形成微纳尺度孪晶，需要建立相应的取向分布函数(ODF)图。图 9-5 所示是一个形成微纳尺度孪晶区域的 ODF 图。分析可知，容易形成微纳尺度孪晶的欧拉角(φ_1，Φ，φ_2)为(126°，90°，0～60°)、(143°，14°，0～60°)、(82°，17°，0～60°)。由于欧拉角 φ_2 的范围非常大，因此，它不能很好地说明 α 相的哪种晶体取向有利于形成微纳尺度孪晶。通过更详细的极图分析来说明晶体取向对微纳尺度孪晶形成的影响。如图 9-6 所示，当初始 α 相的 c 轴从 ND 方向以 30°～90°的角度倾斜时，孪晶容易被激活。同时，大多数容易激发孪晶的晶粒的 c 轴从 ND 方向倾斜角度一般为 50°～90°。

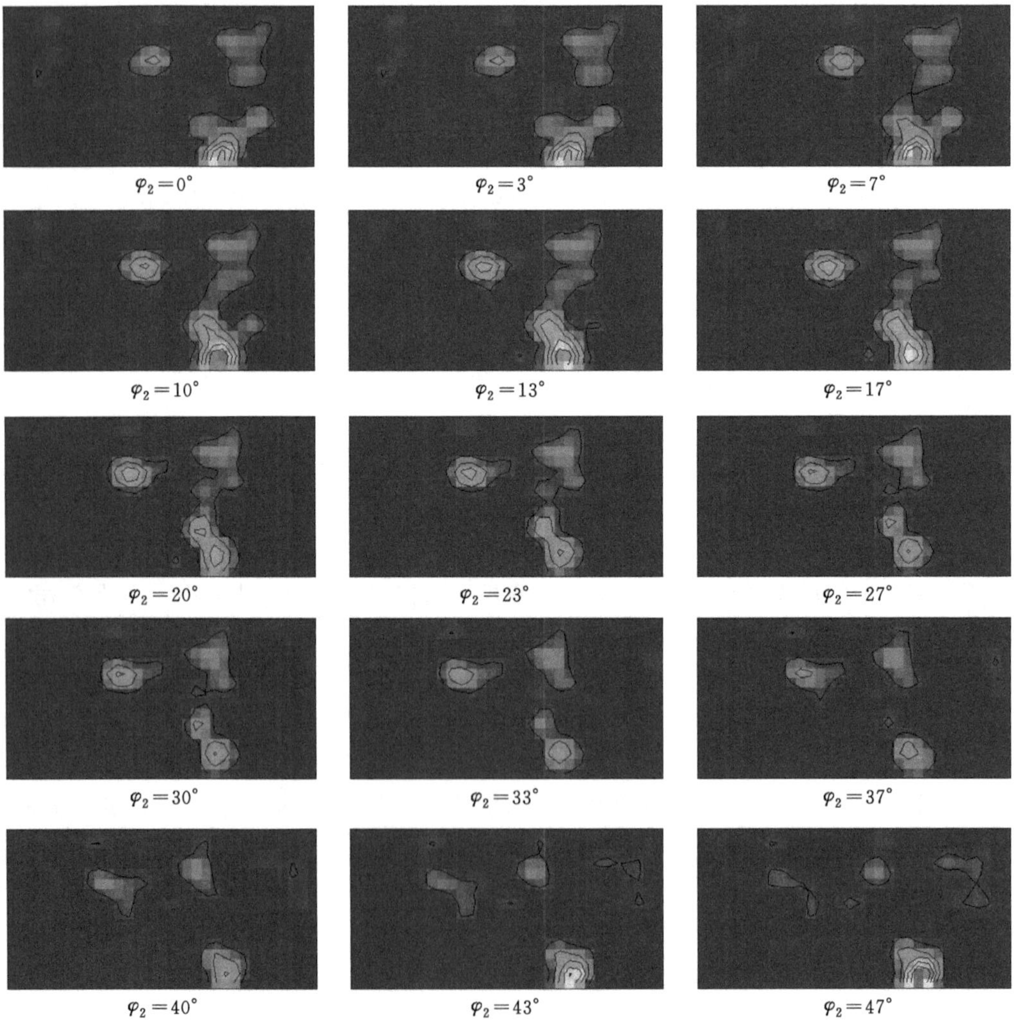

图 9-5 形成微纳尺度孪晶的取向分布函数图

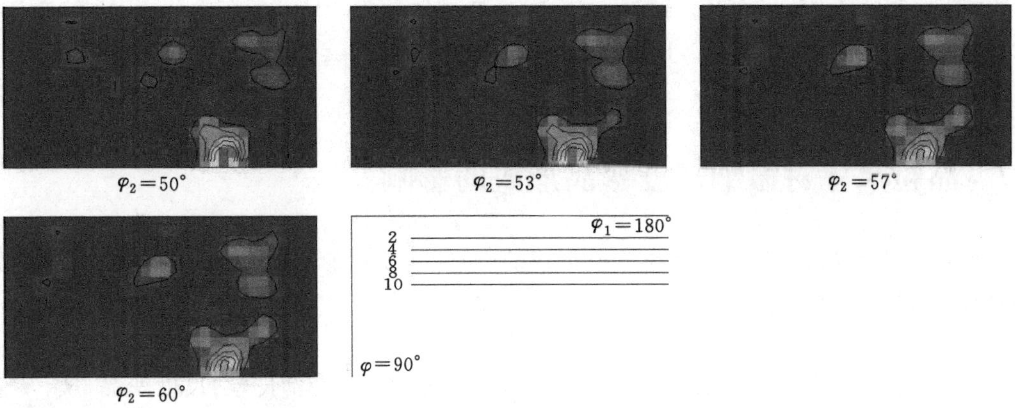

图 9-5(续)

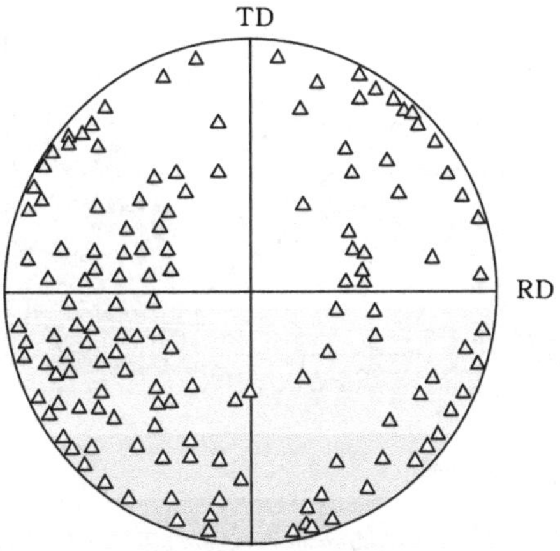

图 9-6　形成孪晶的初始 α 晶粒的{0001}极点图

根据 Mises 准则，金属或合金的均匀塑性变形至少需要 5 个独立的滑移系。对于 Ti-6Al-4V 钛合金中的 α 相，柱面和基面滑移系只提供了 4 个独立的滑移系统[2]。因此，除了位错滑移变形外，α 相的塑性变形还需要孪生来适应塑性应变。不同类型孪晶的激活与初始颗粒的晶体取向有关。在密排六方结构金属中，这种孪晶激活最常用的准则是施密特准则。换句话说，激活孪晶的类型取决于孪晶系和外力之间的角度。在本项研究中，当初始 α 晶粒的 c 轴从 ND 方向以 30°～90°的角度倾斜时，孪晶被激活。合金的表面受到压缩应力的影响，压缩应力的方向近似平行于 ND。在这种情况下，大多数 α 晶粒的 c 轴都受到拉伸应力的影响。因此，本研究中的$\{10\bar{1}2\}<10\bar{1}1>$孪晶很容易被触发。此外，在 α 晶粒中也有 30°～50°之间的少量孪晶出现。对于这些 α 晶粒，它不利于形成孪晶。前期研究结果证明，$\{10\bar{1}2\}<10\bar{1}1>$孪晶是钛合金中 α 相所有孪晶系中具有较低临界分切应力的孪晶[150]。此外，还有相关研究表明，当材料在高应变速率下发生塑性变形时，可以获得更多具有不同晶体取向的孪晶类型[152]。因为 HPWJT 可能会在金属表面引发非常高的应变率的塑性变形，因此，可以合理地观察到在 α 晶粒中，一些孪晶以偏离 ND 方向 30°～50°之间的角度存在。Bao 等[28]研究了多晶纯钛在轧制过程中孪晶的演化规律，研究表明，当 α 晶粒的 c 轴从

ND 倾斜到 70°～90°范围内时，{10$\bar{1}$2}＜10$\bar{1}$1＞孪晶被激活。与本项研究相比，这个角度范围相对较窄。本研究结果表明，HPWJT 可以在 Ti-6Al-4V 钛合金中引入更多晶体取向广泛的 α 微纳尺度孪晶。

9.7 晶粒尺寸对微纳尺度孪晶形成的影响

为了阐明晶粒尺寸对微纳尺度孪晶形成的影响，需要对形成孪晶的 α 晶粒尺寸和初始 α 晶粒尺寸的分布进行统计。如图 9-7 所示，图 9-7(a)中的平均粒径明显小于图 9-7(b)中的。在图 9-7(a)中，0.3～1.0 μm 粒径的体积分数占 29.4%。而在图 9-7(b)中，晶粒 0.8～1.0 μm的仅占 5.7%。统计结果表明，在大晶粒中更容易形成微纳尺度孪晶。

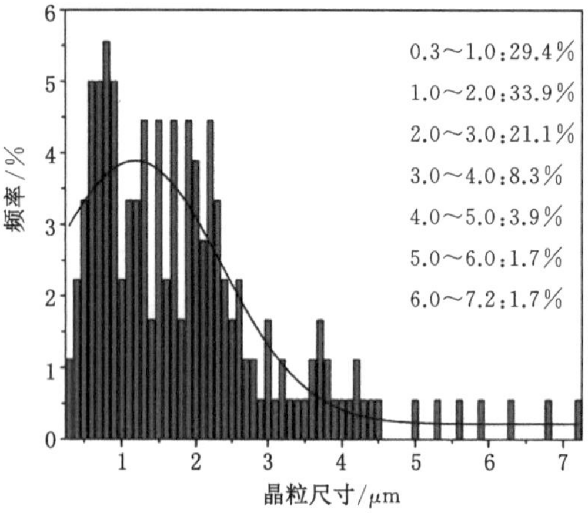

(a) 形成孪晶的 α 晶粒尺寸

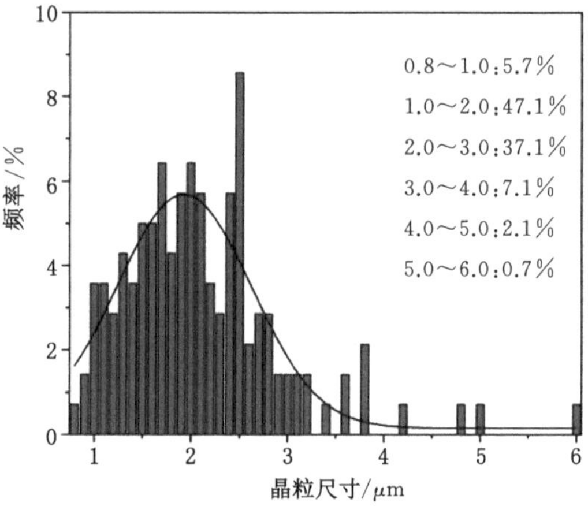

(b) 初始 α 晶粒尺寸

图 9-7 形成孪晶的 α 晶粒尺寸和初始 α 晶粒尺寸

大量研究表明，变形孪晶的激活与初始晶粒尺寸密切相关[153]。当初始材料有大晶粒时，变形孪晶更容易形成。根据霍尔-佩奇关系，位错滑移在大晶粒中滑移范围较大，位错在晶界处积累更严重，从而产生应力集中效应。因此，晶界处由于应力集中较严重，更容易引起变形孪晶。相比之下，晶界的总体积分数随着晶粒直径的减小而增大。在这种情况下，晶界处的应力集中可以通过激活非基面滑移来释放，因此，难以激活变形孪晶[77]。此外，有研究表明，超细粒度纯钛的变形孪晶形成倾向随着晶粒尺寸的减小而单调地减小。因为在小晶粒中，＜c＋a＞ 型位错更容易被触发来协调沿 c 轴方向的塑性变形[26]。超细粒度纯钛的变形孪晶倾向与本研究中 Ti-6Al-4V 钛合金的情况相似，间接证明了 Ti-6Al-4V 钛合金的位错比小晶粒的变形孪晶更容易触发，表明变形孪晶对晶粒尺寸存在依赖。

9.8 微纳尺度孪晶对硬度的贡献

图 9-8 显示了经过 HPWJT 处理的 Ti-6Al-4V 钛合金从加工表面到基体的硬度随深度的变化。如图 9-8 所示，硬度梯度层的深度约为 15 μm，与 EBSD 表征的结果一致，从处理表面到基体形成了硬度梯度。经过 HPWJT 处理的 Ti-6Al-4V 钛合金在加工表面以下约

5 μm处的维氏硬度约为 396，并且随着从加工表面到基体深度的增加而逐渐降低。在深度超过 15 μm 时，其硬度与基体硬度基本相同。

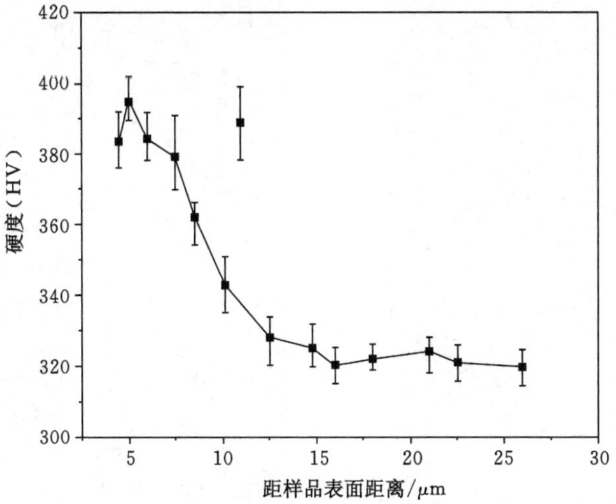

图 9-8　从最顶表面到芯部的硬度变化

由于界面(晶界和孪晶界)和位错都是阻碍金属位错运动的强烈障碍[9]，因此晶粒尺寸和精细结构(位错和孪晶)都会影响金属的硬度。在本研究中，表层的晶粒尺寸近似等于基体的晶粒尺寸。在这种情况下，材料表层硬度的增加必归因于位错和微纳尺度孪晶的作用。因此，硬度的增量可以通过以下公式计算得到：

$$\Delta H = \Delta H_{\mathrm{D}} + \Delta H_{\mathrm{T}}$$

式中，ΔH_{D} 和 ΔH_{T} 分别为由位错和孪晶引起的硬度增量。根据经验方程[9]：

$$\Delta H_{\mathrm{D}} = \frac{1}{3}\Delta\sigma_{\mathrm{D}}$$

式中，$\Delta\sigma_{\mathrm{D}}$ 为由位错引起的强度增量。由位错引起的强度增量可由以下公式[100]确定：

$$\Delta\sigma_{\mathrm{D}} = \alpha MGb\sqrt{\rho_{\mathrm{s}}} - \alpha MGb\sqrt{\rho_{\mathrm{m}}}$$

式中，α 是描述位错之间相互作用强度的常数，M 是平均泰勒因子，G 是剪切模量，b 是伯格斯矢量，ρ_{s} 和 ρ_{m} 分别表示表层和基体几何必需位错密度的大小。位错密度的计算式为[38]：

$$\rho = \frac{2\mathrm{KAM}}{\mu b}$$

式中，ρ 表示在某确定像素点处的位错密度，KAM 表示局部取向差，μ 是 EBSD 测量的步长，b 是伯格斯矢量。某一点的局部取向差可以用以下公式[154]计算：

$$\mathrm{KAM} = \frac{1}{n}\sum_{j=1}^{n} \left| \theta_j^{\mathrm{sur}} - \theta_i \right|$$

式中，θ_i 表示 i 像素点的局部取向，θ_j^{sur} 表示 i 像素点旁边 j 像素点的局部取向。KAM 可以通过使用 EBSD 的局部取向差数据来计算。图 9-9 所示为合金表层以及基体的 EBSD 局部取向差图。很明显，表层的局部取向差大于基体的，表明表层比基体具有较高的位错密度。基于这些局部取向差的数据，表层与基体的 KAM 值可以被计算。本研究的材料常数和计算结果汇总于表 9-3。

(a) 变形层

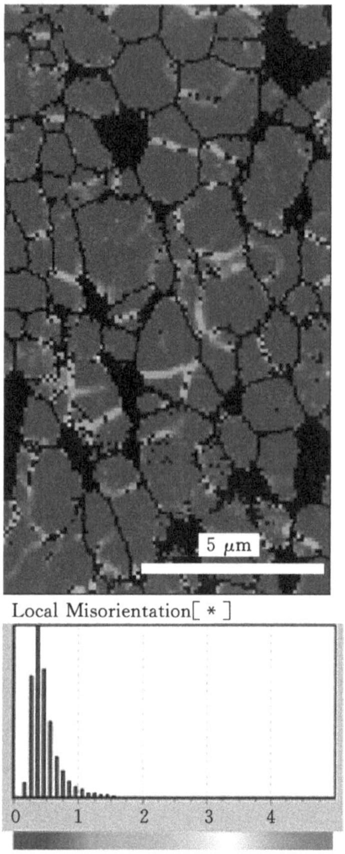

(b) 基体

图 9-9　变形层和基体的 EBSD 局部取向差图

表 9-3　本研究的材料常数和计算结果

符号	释义	值
KAM_s	表层的 KAM 值	0.018 2°
KAM_m	基体的 KAM 值	0.009 6°
μ	EBSD 测量的步长	0.1 μm
b	伯格斯矢量	2.95×10^{-10} m[155]
α	位错之间相互作用强度的常数	0.24 [156]
M	平均泰勒因子	2.75 [156]
G	剪切模量	45 GPa[155]
ρ_s	表层的几何必需位错密度	$1.23\times10^{15}/m^2$
ρ_m	基体的几何必需位错密度	$6.49\times10^{14}/m^2$
$\Delta\sigma_D$	由位错引起的强度增量	85 MPa
ΔH	硬度的增量	76(HV)
ΔH_D	由位错引起的硬度增量	28(HV)
ΔH_T	由孪晶引起的硬度增量	48(HV)

由以上计算结果可知，合金表层的硬度比基体增加了23.8%。由于微纳尺度孪晶和位错的影响，表层硬度分别提高了15.0%和8.8%。显然，微纳尺度孪晶对硬度的贡献要大于位错对硬度的贡献，这表明微纳尺度孪晶对合金硬度提高具有积极的作用。使用脉冲激光对Zr702的表层处理后，Zr702的表层形成了微纳尺度孪晶，该孪晶同样对Zr702的硬度提升具有积极的贡献[9]。Liu等[138]采用金属弹丸喷丸法制备了Ti-6Al-4V钛合金的梯度结构。试验中细长超细晶粒(EIU)层和细晶粒(RG)层的平均晶粒直径与本研究中的梯度层晶粒直径类似。而EIU层和RG层的硬度(HV)在345～380之间，低于本研究的表面改性层的硬度(396)。此外，罗等[157]成功地在51CrV4弹簧钢中引入了少量的微纳尺度孪晶，由于这些微纳尺度孪晶的作用，51CrV4弹簧钢的抗拉强度提高了264 MPa。这些结果表明，在金属中引入一定数量的微纳尺度孪晶是非常重要的。纳米孪晶的增强机理在纳米孪晶界与传统晶界同样有效，特别是当孪晶片层厚度减小到纳米尺度时。单个位错穿过纳米孪晶界需要极高的临界应力。这也能充分证明本研究中合金表层的硬度(HV)能达到396，主要归因于微纳尺度孪晶的强化作用。

参考文献

[1] BANERJEE D, WILLIAMS J C. Perspectives on titanium science and technology[J]. Acta materialia, 2013, 61(3): 844-879.

[2] LÜTJERING G, WILLIAMS J C. 钛[M]. 雷霆,杨晓源,方树铭,译.2 版.北京:冶金工业出版社,2011.

[3] WEN X, WAN M P, HUANG C W, et al. Effect of microstructure on tensile properties, impact toughness and fracture toughness of TC21 alloy[J]. Materials & design, 2019, 180: 107898.

[4] SABBAN R, BAHL S, CHATTERJEE K, et al. Globularization using heat treatment in additively manufactured Ti-6Al-4V for high strength and toughness[J]. Acta materialia, 2019, 162: 239-254.

[5] ZAFARI A, XIA K. High ductility in a fully martensitic microstructure: a paradox in a Ti alloy produced by selective laser melting[J]. Materials research letters, 2018, 6(11): 627-633.

[6] 胡赓祥,蔡珣,戎咏华.材料科学基础[M].3 版.上海:上海交通大学出版社,2010.

[7] GU H Q, JIAO L, YAN P, et al. Crack behavior of Ti-6Al-4V alloy combined conformal contact fretting, non-conformal contact fretting and simple fatigue[J]. International journal of fatigue, 2020, 139: 105741.

[8] GAIN A K, ZHANG L C, LIM S. Tribological behavior of Ti-6Al-4V alloy: subsurface structure, damage mechanism and mechanical properties[J]. Wear, 2021, 464: 203551.

[9] CHAI L J, CHEN B F, WANG S Y, et al. Microstructural changes of Zr702 induced by pulsed laser surface treatment[J]. Applied surface science, 2016, 364: 61-68.

[10] BELADI H, CHAO Q, ROHRER G S. Variant selection and intervariant crystallographic planes distribution in martensite in a Ti-6Al-4V alloy[J]. Acta materialia, 2014, 80: 478-489.

[11] MATSUMOTO H, NISHIHARA T, IWAGAKI Y, et al. Microstructural evolution and deformation mode under high-temperature-tensile-deformation of the Ti-6Al-4V alloy with the metastable α' martensite starting microstructure[J]. Materials science and engineering: A, 2016, 661: 68-78.

[12] SHAHMIR H, LANGDON T G. Using heat treatments, high-pressure torsion and post-deformation annealing to optimize the properties of Ti-6Al-4V alloys[J]. Acta materialia, 2017, 141: 419-426.

[13] ZHANG B J, CHONG Y, ZHENG R X, et al. Enhanced mechanical properties in β-

Ti alloy aged from recrystallized ultrafine β grains[J].Materials & design,2020,195:109017.

[14] CASTANY P,PETTINARI-STURMEL F,CRESTOU J,et al.Experimental study of dislocation mobility in a Ti-6Al-4V alloy[J]. Acta materialia, 2007, 55(18): 6284-6291.

[15] CIZEK P,KADA S R,WANG J T,et al.Dislocation structures representing individual slip systems within the α phase of a Ti-6Al-4V alloy deformed in tension[J].Materials science and engineering:A,2020,797:140225.

[16] LAINÉ S J,KNOWLES K M,DOORBAR P J,et al.Microstructural characterisation of metallic shot peened and laser shock peened Ti-6Al-4V[J].Acta materialia,2017,123:350-361.

[17] REN X D,ZHOU W F,LIU F F,et al.Microstructure evolution and grain refinement of Ti-6Al-4V alloy by laser shock processing[J].Applied surface science,2016,363:44-49.

[18] AO N,LIU D X,XU X C,et al.Gradient nanostructure evolution and phase transformation of α phase in Ti-6Al-4V alloy induced by ultrasonic surface rolling process[J].Materials science and engineering:A,2019,742:820-834.

[19] LIU Y G,LI M Q.The coordination behaviors of alpha and beta phases with different grain sizes in Ti-6Al-4V subjected to surface severe plastic deformation[J]. Materials science and engineering:A,2019,745:291-299.

[20] LIU Y G,LI M Q.Structure response characteristics and surface nanocrystallization mechanism of alpha phase in Ti-6Al-4V subjected to high energy shot peening[J]. Journal of alloys and compounds,2019,773:860-871.

[21] LIU Y G,LI M Q,LIU H J.Nanostructure and surface roughness in the processed surface layer of Ti-6Al-4V via shot peening[J]. Materials characterization, 2017, 123:83-90.

[22] YANG C,LI M Q,LIU Y G.Severe plastic deformation induced precipitation of the ordered α 2-Ti_3 Al phase in Ti-5Al-2Sn-2Zr-4Mo-4Cr[J]. Journal of alloys and compounds,2021,854:157277.

[23] LI J, ZHOU J Z, FENG A X, et al. Investigation on mechanical properties and microstructural evolution of TC6 titanium alloy subjected to laser peening at cryogenic temperature [J]. Materials science and engineering: A, 2018, 734: 291-298.

[24] CHOI S W,WON J W,LEE S,et al.Deformation twinning activity and twin structure development of pure titanium at cryogenic temperature [J]. Materials science and engineering:A,2018,738:75-80.

[25] XU F, ZHANG X, NI H, et al. $\{11\bar{2}4\}$ deformation twinning in pure Ti during dynamic plastic deformation[J]. Materials science and engineering: A, 2012,541: 190-195.

[26] SUN J L,TRIMBY P W,YAN F K,et al.Grain size effect on deformation twinning

propensity in ultrafine-grained hexagonal close-packed titanium [J]. Scripta materialia,2013,69(5):428-431.

[27] SUN J L,TRIMBY P W,SI X,et al.Nano twins in ultrafine-grained Ti processed by dynamic plastic deformation[J].Scripta materialia,2013,68(7):475-478.

[28] BAO L,LECOMTE J S,SCHUMAN C,et al.Study of plastic deformation in hexagonal metals by interrupted insitu EBSD measurement[J]. Advanced engineering materials, 2010,12(10):1053-1059.

[29] COGHE F,TIRRY W,RABET L,et al.Importance of twinning in static and dynamic compression of a Ti-6Al-4V titanium alloy with an equiaxed microstructure[J].Materials science and engineering:A,2012,537:1-10.

[30] QIN H,JONAS J J.Variant selection during secondary and tertiary twinning in pure titanium[J].Acta materialia,2014,75:198-211.

[31] QIN H,JONAS J J,YU H B,et al.Initiation and accommodation of primary twins in high-purity titanium[J].Acta materialia,2014,71:293-305.

[32] MA X L,ZHOU H,NARAYAN J,et al.Stacking-fault energy effect on zero-strain deformation twinning in nanocrystalline Cu-Zn alloys[J].Scripta materialia,2015, 109:89-93.

[33] CAO Y Z,ZHAO X S,TU W D,et al.Plastic deformation mechanisms in face-centered cubic materials with low stacking fault energy[J].Materials science and engineering:A,2016,676:241-245.

[34] DI IORIO S,BRIOTTET L,RAUCH E F,et al.Plastic deformation,damage and rupture of PM Ti-6Al-4V at 20K under monotonic loading[J]. Acta materialia, 2007,55(1):105-118.

[35] HUANG Z W,JIN S B,ZHOU H,et al.Evolution of twinning systems and variants during sequential twinning in cryo-rolled titanium [J]. International journal of plasticity,2019,112:52-67.

[36] LEO PRAKASH D G,DING R,MOAT R J,et al.Deformation twinning in Ti-6Al-4V during low strain rate deformation to moderate strains at room temperature[J]. Materials science and engineering:A,2010,527(21/22):5734-5744.

[37] REN Y,ZHANG X Y,XIA T,et al.Microstructural and textural evolution of high-purity titanium under dynamic loading[J].Materials & design,2017,126:123-134.

[38] LIN Y H,WU S M,KAO F H,et al.Microtwin formation in the α phase of duplex titanium alloys affected by strain rate[J]. Materials science and engineering: A, 2011,528(6):2271-2276.

[39] FITZNER A,LEO PRAKASH D G,DA FONSECA J Q,et al.The effect of aluminium on deformation and twinning in alpha titanium: the 45° case[J]. Materials science forum, 2013,765:549-553.

[40] FITZNER A,LEO PRAKASH D G,DA FONSECA J Q,et al.The effect of aluminium on twinning in binary alpha-titanium[J].Acta materialia,2016,103:341-351.

[41] ZHAO H,DING N J,REN Y P,et al.Shear-induced hexagonal close-packed to face-centered cubic phase transition in pure titanium processed by equal channel angular drawing[J].Journal of materials science,2019,54(10):7953-7960.

[42] CHEN C,QIAN S F,WANG S,et al.The microstructure and formation mechanism of face-centered cubic Ti in commercial pure Ti foils during tensile deformation at room temperature[J].Materials characterization,2018,136:257-263.

[43] ZHENG X D,GONG M Y,XIONG T,et al.Deformation induced FCC lamellae and their interaction in commercial pure Ti[J].Scripta materialia,2019,162:326-330.

[44] WANG S,NIU L,CHEN C,et al.Size effects on the tensile properties and deformation mechanism of commercial pure titanium foils[J].Materials science and engineering:A,2018,730:244-261.

[45] PHASHA M J,BOLOKANG A S,NGOEPE P E.Solid-state transformation in nanocrystalline Ti induced by ball milling[J].Materials letters,2010,64(10):1215-1218.

[46] WU H C,KUMAR A,WANG J,et al.Rolling-induced face centered cubic titanium in hexagonal close packed titanium at room temperature[J].Scientific reports,2016,6:24370.

[47] WEI B Q,NI S,LIU Y,et al.Three dimensional crystallographic orientation relationships for hexagonal close packed structure to face centered cubic structure transformation in pure titanium[J].Scripta materialia,2019,169:46-51.

[48] NIU L,WANG S,CHEN C,et al.Mechanical behavior and deformation mechanism of commercial pure titanium foils[J].Materials science and engineering:A,2017,707:435-442.

[49] ZHANG H,OU X Q,WEI B Q,et al.Strain direction dependency of deformation mechanisms in an HCP-Ti crystalline by molecular dynamics simulations[J].Computational materials science,2020,172:109328.

[50] HONG D H,LEE T W,LIM S H,et al.Stress-induced hexagonal close-packed to face-centered cubic phase transformation in commercial-purity titanium under cryogenic plane-strain compression[J].Scripta materialia,2013,69(5):405-408.

[51] REN J Q,SUN Q Y,XIAO L,et al.Phase transformation behavior in titanium single-crystal nanopillars under [0001] orientation tension:a molecular dynamics simulation[J].Computational materials science,2014,92:8-12.

[52] ZHAO Z P,ZHU G M,KANG Y L,et al.The observation of the orthorhombic α'' and FCC titanium in deformed commercially pure titanium compressed at elevated temperature[J].Journal of alloys and compounds,2020,815:152298.

[53] ZU Q,GUO Y F,YAO X.Surface and orientation effects on stress-induced HCP-FCC phase transformation in Ti nanopillars[J].Applied surface science,2020,509:145234.

[54] ZHAO H L,HU X Y,SONG M,et al.Mechanisms for deformation induced hexagonal close-packed structure to face-centered cubic structure transformation in zirconium[J].

Scripta materialia,2017,132:63-67.

[55] ZHAO H L,NI S,SONG M.Mechanically induced phase transformation from hexagonal close-packed structure to face-centred cubic structure in hafnium[J].Materials science and engineering:A,2016,660:34-38.

[56] ZHAO H L,SONG M,NI S,et al.Atomic-scale understanding of stress-induced phase transformation in cold-rolled Hf[J].Acta materialia,2017,131:271-279.

[57] SU R Z,NEFFATI D,CHO J,et al.Phase transformation induced plasticity in high-strength hexagonal close packed Co with stacking faults[J].Scripta materialia,2019,173:32-36.

[58] AN X L,LI Y,NI S,et al.Grain refinement process in a cold-rolled polycrystalline cobalt[J].Materials characterization,2020,164:110360.

[59] LI Y,NI S,LIU Y,et al.Phase transition induced high strength and large ductility of a hot rolled near β Ti-5Al-5Mo-5V-1Cr-1Fe alloy[J].Scripta materialia,2019,170:34-37.

[60] ZHANG Z B,LI M,GUO D F,et al.Enhancement of TiZr ductility by hcp-fcc martensitic transformation after severe plastic deformation[J].Materials science and engineering:A,2014,594:321-323.

[61] SHAHMIR H,LANGDON T G.An evaluation of the hexagonal close-packed to face-centered cubic phase transformation in a Ti-6Al-4V alloy during high-pressure torsion[J].Materials science and engineering:A,2017,704:212-217.

[62] AO N,LIU D X,LIU C S,et al.Face-centered titanium induced by ultrasonic surface rolling process in Ti-6Al-4V alloy and its tensile behavior [J]. Materials characterization,2018,145:527-533.

[63] JING R,LIU C Y,MA M Z,et al.Microstructural evolution and formation mechanism of FCC titanium during heat treatment processing[J].Journal of alloys and compounds,2013,552:202-207.

[64] WEI B Q,NI S,LIU Y,et al.Phase transformation and structural evolution in a Ti-5at.% Al alloy induced by cold-rolling[J].Journal of materials science & technology,2020,49:211-223.

[65] LIU Y G,LI M Q,LIU H J.Deformation induced face-centered cubic titanium and its twinning behavior in Ti-6Al-4V[J].Scripta materialia,2016,119:5-8.

[66] ZHU W G,KOU W J,TAN C S,et al.Face centered cubic substructure and improved tensile property in a novel β titanium alloy Ti-5Al-4Zr-10Mo-3Cr[J].Materials science and engineering:A,2020,771:138611.

[67] AN X L,NI S,SONG M.Microstructural evolution and twinning behavior of a cold-rolled Zr_{70}Ti30 alloy[J].Journal of alloys and compounds,2019,784:954-960.

[68] LIU C Z,LI G P,YUAN F S,et al.Core-shell structured nanoprecipitates in zirconium based alloy[J].Scripta materialia,2020,185:170-174.

[69] LU L,SHEN Y F,CHEN X H,et al.Ultrahigh strength and high electrical conductivity in

copper[J].Science,2004,304(5669):422-426.
[70] SHEN Y F,LU L,LU Q H,et al.Tensile properties of copper with nano-scale twins [J].Scripta materialia,2005,52(10):989-994.
[71] NING J L,WANG D.Concurrent high strength and high ductility in isotropic bulk Cu-Al alloy with three-dimensional nano-twinned structure[J].Journal of alloys and compounds,2012,514:214-219.
[72] YAN F K,TAO N R,LU K.Tensile ductility of nanotwinned austenitic grains in an austenitic steel[J].Scripta materialia,2014,84:31-34.
[73] ZHANG Y F,WANG J,SHAN H Q,et al.Strengthening high-stacking-fault-energy metals via parallelogram nanotwins[J].Scripta materialia,2015,108:35-39.
[74] ZHANG X,MISRA A,WANG H,et al.Nanoscale-twinning-induced strengthening in austenitic stainless steel thin films[J].Applied physics letters,2004,84(7):1096.
[75] EL-DANAF E,KALIDINDI S R,DOHERTY R D.Influence of grain size and stacking-fault energy on deformation twinning in FCC metals[J].Metallurgical and materials transactions A,1999,30(5):1223-1233.
[76] WU X Z,WANG R,WANG S F.Generalized-stacking-fault energy and surface properties for HCP metals: a first-principles study[J].Applied surface science,2010,256(11):3409-3412.
[77] CHOI S H,KIM J K,KIM B J,et al.The effect of grain size distribution on the shape of flow stress curves of Mg-3Al-1Zn under uniaxial compression[J].Materials science and engineering:A,2008,488(1/2):458-467.
[78] WANG Q Q,LIU Z Q.Plastic deformation induced nano-scale twins in Ti-6Al-4V machined surface with high speed machining[J].Materials science and engineering:A,2016,675:271-279.
[79] WU X,CAI C,YANG L,et al.Enhanced mechanical properties of Ti-6Al-2Zr-1Mo-1V with ultrafine crystallites and nano-scale twins fabricated by selective laser melting[J].Materials science and engineering:A,2018,738:10-14.
[80] CHAI L J,CHEN K,ZHI Y,et al.Nanotwins induced by pulsed laser and their hardening effect in a Zr alloy[J].Journal of alloys and compounds,2018,748:163-170.
[81] 李毅.梯度结构金属材料研究进展[J].中国材料进展,2016,35(9):658-665.
[82] FANG T H,LI W L,TAO N R,et al.Revealing extraordinary intrinsic tensile plasticity in gradient nano-grained copper[J].Science,2011,331(6024):1587-1590.
[83] WU X L,JIANG P,CHEN L,et al.Extraordinary strain hardening by gradient structure[J].Proceedings of the national academy of sciences of the United States of America,2014,111(20):7197-7201.
[84] LU K.Surface nanocrystallization (SNC) of metallic materials-presentation of the concept behind a new approach[J].Journal of materials science & technology,1999,73(3):193-197.

[85] CHENG Z,ZHOU H F,LU Q H,et al.Extra strengthening and work hardening in gradient nanotwinned metals[J].Science,2018,362(6414):eaau1925.

[86] 郦振声,杨明安.现代表面工程技术[M].北京:机械工业出版社,2007.

[87] 董星,段雄.高压水射流喷丸强化技术[J].表面技术,2005,34(1):48-49.

[88] LIU Y,ZHAO X H,WANG D P.Determination of the plastic properties of materials treated by ultrasonic surface rolling process through instrumented indentation[J].Materials science and engineering:A,2014,600:21-31.

[89] QU L,YANG Y,LU Y F,et al.A detwinning process of {332}〈113〉 twins in beta titanium alloys[J].Scripta materialia,2013,69(5):389-392.

[90] ZHAO L J,PARK N,TIAN Y Z,et al.Combination of dynamic transformation and dynamic recrystallization for realizing ultrafine-grained steels with superior mechanical properties[J].Scientific reports,2016,6:39127.

[91] CHAO Q,HODGSON P D,BELADI H.Ultrafine grain formation in a Ti-6Al-4V alloy by thermomechanical processing of a martensitic microstructure [J]. Metallurgical and materials transactions A,2014,45(5):2659-2671.

[92] ZHAO Z B,WANG Q J,LIU J R,et al.Characterizations of microstructure and crystallographic orientation in a near-α titanium alloy billet[J].Journal of alloys and compounds,2017,712:179-184.

[93] WILLIAMS J C,TAGGART R,POLONIS D H.The morphology and substructure of Ti-Cu martensite[J].Metallurgical transactions,1970,1(8):2265-2270.

[94] HSU S H,HO Y H,HO M X,et al.On the formation of vapor film during quenching in de-ionized water and elimination of film boiling during quenching in natural sea water[J].International journal of heat and mass transfer,2015,86:65-71.

[95] ATRASZKIEWICZ R,JANUSZEWICZ B,KACZMAREKŁ,et al.High pressure gas quenching:distortion analysis in gears after heat treatment[J].Materials science and engineering:A,2012,558:550-557.

[96] SEMIATIN S L,SOPER J C,SUKONNIK I M.Short-time beta grain growth kinetics for a conventional titanium alloy[J].Acta materialia,1996,44(5):1979-1986.

[97] ZHAO Z B,WANG Q J,HU Q M,et al.Effect of β (110) texture intensity on α-variant selection and microstructure morphology during β→α phase transformation in near α titanium alloy[J].Acta materialia,2017,126:372-382.

[98] CHONG Y,BHATTACHARJEE T,TIAN Y Z,et al.Deformation mechanism of bimodal microstructure in Ti-6Al-4V alloy:the effects of intercritical annealing temperature and constituent hardness [J]. Journal of materials science & technology,2021,71:138-151.

[99] KWASNIAK P,GARBACZ H,KURZYDLOWSKI K J.Solid solution strengthening of hexagonal titanium alloys:restoring forces and stacking faults calculated from first principles[J].Acta materialia,2016,102:304-314.

[100] BOUAZIZ O,ALLAIN S,SCOTT C.Effect of grain and twin boundaries on the

hardening mechanisms of twinning-induced plasticity steels[J].Scripta materialia, 2008,58(6):484-487.

[101] ZHANG Z X,QU S J,FENG A H,et al.Achieving grain refinement and enhanced mechanical properties in Ti-6Al-4V alloy produced by multidirectional isothermal forging[J].Materials science and engineering:A,2017,692:127-138.

[102] ZHEREBTSOV S V,SALISHCHEV G A,GALEYEV R M,et al.Production of submicrocrystalline structure in large-scale Ti-6Al-4V billet by warm severe deformation processing[J].Scripta materialia,2004,51(12):1147-1151.

[103] ZHEREBTSOV S,KUDRYAVTSEV E,KOSTJUCHENKO S,et al.Strength and ductility-related properties of ultrafine grained two-phase titanium alloy produced by warm multiaxial forging[J].Materials science and engineering:A,2012,536:190-196.

[104] LÜTJERING G.Influence of processing on microstructure and mechanical properties of ($\alpha+\beta$) titanium alloys[J].Materials science and engineering:A,1998,243(1/2):32-45.

[105] WU X L,YANG M X,YUAN F P,et al.Heterogeneous lamella structure unites ultrafine-grain strength with coarse-grain ductility[J].Proceedings of the national academy of sciences of the United States of America,2015,112(47):14501-14505.

[106] SUN B H,FAZELI F,SCOTT C,et al.The influence of silicon additions on the deformation behavior of austenite-ferrite duplex medium manganese steels[J].Acta materialia,2018,148:249-262.

[107] XU W,LUI E W,PATERAS A,et al.In situ tailoring microstructure in additively manufactured Ti-6Al-4V for superior mechanical performance[J].Acta materialia, 2017,125:390-400.

[108] GAO H J,HUANG Y G.Geometrically necessary dislocation and size-dependent plasticity[J].Scripta materialia,2003,48(2):113-118.

[109] ZAEFFERER S.A study of active deformation systems in titanium alloys:dependence on alloy composition and correlation with deformation texture[J].Materials science and engineering:A,2003,344(1/2):20-30.

[110] YANG D K,HODGSON P D,WEN C E.Simultaneously enhanced strength and ductility of titanium via multimodal grain structure[J].Scripta materialia,2010, 63(9):941-944.

[111] TANAKA K,MORI T.The hardening of crystals by non-deforming particles and fibres[J].Acta metallurgica,1970,18(8):931-941.

[112] ZHAO Y H,BINGERT J F,ZHU Y T,et al.Tougher ultrafine grain Cu via high-angle grain boundaries and low dislocation density[J].Applied physics letters, 2008,92(8):081903.

[113] ZHAO Z,CHEN J,TAN H,et al.Achieving superior ductility for laser solid formed extra low interstitial Ti-6Al-4V titanium alloy through equiaxial alpha microstructure [J].Scripta materialia,2018,146:187-191.

[114] SURI S, VISWANATHAN G B, NEERAJ T, et al. Room temperature deformation and mechanisms of slip transmission in oriented single-colony crystals of an α/β titanium alloy[J]. Acta materialia, 1999, 47(3): 1019-1034.
[115] XIN R L, GUO C F, JONAS J J, et al. Variant selection of {10-12}-{10-12} double twins during the tensile deformation of an AZ31 Mg alloy[J]. Materials science and engineering: A, 2017, 700: 226-233.
[116] MEYERS M A, VÖHRINGER O, LUBARDA V A. The onset of twinning in metals: a constitutive description[J]. Acta materialia, 2001, 49(19): 4025-4039.
[117] LU L, CHEN X, HUANG X, et al. Revealing the maximum strength in nanotwinned copper[J]. Science, 2009, 323(5914): 607-610.
[118] WU C, ZHAO Y Q, HUANG S X, et al. Microstructure tailoring and impact toughness of a newly developed high strength Ti-5Al-3Mo-3V-2Cr-2Zr-1Nb-1Fe alloy[J]. Materials characterization, 2021, 175: 111103.
[119] HUANG C W, WANG F M, WEN X, et al. Tensile performance and impact toughness of Ti-55531 alloy with multilevel lamellar microstructure[J]. Journal of materials science, 2021, 56(14): 8848-8870.
[120] HUANG S X, ZHAO Q Y, ZHAO Y Q, et al. Toughening effects of Mo and Nb addition on impact toughness and crack resistance of titanium alloys[J]. Journal of materials science & technology, 2021, 79: 147-164.
[121] NIINOMI M, KOBAYASHI T. Fracture characteristics analysis related to the microstructures in titanium alloys[J]. Materials science and engineering: A, 1996, 213(1/2): 16-24.
[122] LEI L, ZHAO Q Y, ZHAO Y Q, et al. Study on the intrinsic factors determining impact toughness of TC21 alloy[J]. Materials characterization, 2021, 177: 111164.
[123] TIAN X J, ZHANG S Q, LI A, et al. Effect of annealing temperature on the Notch impact toughness of a laser melting deposited titanium alloy Ti-4Al-1.5Mn[J]. Materials science and engineering: A, 2010, 527(7/8): 1821-1827.
[124] CHEN P, WANG F X, LI B. Transitory phase transformations during $\{10\bar{1}2\}$ twinning in titanium[J]. Acta materialia, 2019, 171: 65-78.
[125] JIANG S, HUANG L J, GAO X, et al. Interstitial carbon induced FCC-Ti exhibiting ultrahigh strength in a $Ti_{37}Nb_{28}Mo_{28}$-C7 complex concentrated alloy[J]. Acta materialia, 2021, 203: 116456.
[126] CHEN M W, MA E, HEMKER K J, et al. Deformation twinning in nanocrystalline aluminum[J]. Science, 2003, 300(5623): 1275-1277.
[127] WANG L H, ZHANG Z, HAN X D. In situ experimental mechanics of nanomaterials at the atomic scale[J]. NPG Asia materials, 2013, 5(2): e40.
[128] SHIMOKAWA T, TSUBOI M. Atomic-scale intergranular crack-tip plasticity in tilt grain boundaries acting as an effective dislocation source[J]. Acta materialia, 2015, 87: 233-247.
[129] JIN Z H, GUMBSCH P, ALBE K, et al. Interactions between non-screw lattice

dislocations and coherent twin boundaries in face-centered cubic metals[J]. Acta materialia, 2008, 56(5): 1126-1135.

[130] TANG Y Z, EL-AWADY J A. Formation and slip of pyramidal dislocations in hexagonal close-packed magnesium single crystals[J]. Acta materialia, 2014, 71: 319-332.

[131] ACHMAD T L, FU W X, CHEN H, et al. First-principles calculations of generalized-stacking-fault-energy of co-based alloys[J]. Computational materials science, 2016, 121: 86-96.

[132] WANG Y M, CHEN M W, ZHOU F H, et al. High tensile ductility in a nanostructured metal[J]. Nature, 2002, 419(6910): 912-915.

[133] ZHAO W S, TAO N R, GUO J Y, et al. High density nano-scale twins in Cu induced by dynamic plastic deformation[J]. Scripta materialia, 2005, 53(6): 745-749.

[134] XIAO G H, TAO N R, LU K. Microstructures and mechanical properties of a Cu-Zn alloy subjected to cryogenic dynamic plastic deformation[J]. Materials science and engineering: A, 2009, 513: 13-21.

[135] ZHOU P, LIANG Z Y, LIU R D, et al. Evolution of dislocations and twins in a strong and ductile nanotwinned steel[J]. Acta materialia, 2016, 111: 96-107.

[136] LIU G Z, TAO N R, LU K. 316L austenite stainless steels strengthened by means of nano-scale twins[J]. Journal of materials science & technology, 2010, 26(4): 289-292.

[137] ZHAO S T, ZHANG R P, YU Q, et al. Cryoforged nanotwinned titanium with ultrahigh strength and ductility[J]. Science, 2021, 373(6561): 1363-1368.

[138] LIU Y G, LI M Q, LIU H J. Surface nanocrystallization and gradient structure developed in the bulk TC4 alloy processed by shot peening[J]. Journal of alloys and compounds, 2016, 685: 186-193.

[139] ANAND K S, GANESH S R S, SANKARA N T S N, et al. Influence of counterbody material on fretting wear behaviour of surface mechanical attrition treated Ti-6Al-4V[J]. Tribology international, 2013, 57: 107-114.

[140] AROLA D, ALADE A E, WEBER W. Improving fatigue strength of metals using abrasive waterjet peening[J]. Machining science and technology, 2006, 10(2): 197-218.

[141] AROLA D, MCCAIN M L, KUNAPORN S, et al. Waterjet and abrasive waterjet surface treatment of titanium: a comparison of surface texture and residual stress [J]. Wear, 2001, 249(10/11): 943-950.

[142] YAO S L, WANG G Y, YU H, et al. Influence of submerged micro-abrasive waterjet peening on surface integrity and fatigue performance of TA19 titanium alloy[J]. International journal of fatigue, 2022, 164: 107076.

[143] MATSUMOTO H, BIN L, LEE S H, et al. Frequent occurrence of discontinuous dynamic

recrystallization in Ti-6Al-4V alloy with α′ martensite starting microstructure [J]. Metallurgical and materials transactions A,2013,44(7):3245-3260.

[144] ZHANG F,HAO M,WANG F C,et al.Role of {10-12} twinning and detwinning in the shock-hardening behavior of rolled Mg-3Al-1Zn alloy[J].Scripta materialia,2012,67(12):951-954.

[145] CHAI L J,LUAN B F,MURTY K L,et al.Twinning during recrystallization cooling in α-Zr alloy[J].Materials science and engineering:A,2013,576:320-325.

[146] NAKA S,LASALMONIE A.Prismatic slip in the plastic deformation of α-Ti single crystals below 700 K[J].Materials science and engineering,1982,56(1):19-24.

[147] JONES I P,HUTCHINSON W B.Stress-state dependence of slip in Titanium-6Al-4V and other H.C.P. metals[J].Acta metallurgica,1981,29(6):951-968.

[148] ROSE F D, DUBE C A, ALEXANDER B H.Mechanism of plastic flow in titanium-determination of slip and twinning elements [J]. AIME transactions, 1953 (197): 257-265.

[149] PATON N E, BACKOFEN W A. Plastic deformation of titanium at elevated temperatures[J].Metallurgical transactions,1970,1(10):2839-2847.

[150] AKHTAR A.Basal slip and twinning in α-titanium single crystals[J].Metallurgical transactions A,1975,6(4):1105-1113.

[151] LIU Y G,LI M Q.Stress-induced twinning of nanocrystalline hexagonal close-packed titanium in Ti-6Al-4V[J].Materials letters,2016,180:47-50.

[152] XU F,ZHANG X Y,NI H T,et al.Effect of twinning on microstructure and texture evolutions of pure Ti during dynamic plastic deformation[J].Materials science and engineering:A,2013,564:22-33.

[153] GHADERI A,BARNETT M R.Sensitivity of deformation twinning to grain size in titanium and magnesium[J].Acta materialia,2011,59(20):7824-7839.

[154] YAN Z F,WANG D H,HE X L,et al.Deformation behaviors and cyclic strength assessment of AZ31B magnesium alloy based on steady ratcheting effect[J].Materials science and engineering:A,2018,723:212-220.

[155] KO Y G,SHIN D H,PARK K T,et al.An analysis of the strain hardening behavior of ultra-fine grain pure titanium[J].Scripta materialia,2006,54(10):1785-1789.

[156] KRASILNIKOV N,LOJKOWSKI W,PAKIELA Z,et al.Tensile strength and ductility of ultra-fine-grained nickel processed by severe plastic deformation[J].Materials science and engineering:A,2005,397(1/2):330-337.

[157] LUO Z F,LIANG Y L,LONG S L,et al.Effects of ultra-refine grain and micro-nano twins on mechanical properties of 51CrV4 spring steel[J].Materials science and engineering:A,2017,690:225-232.